Cliper
Cut
Creative

헤어컬러디자인

국제헤어디자인연구회

청구문화사

머리말

씨쓰리 헤어컬러디자인은 미용을 처음 시작하시는 분들과 실제 미용실에서 근무하는 디자이너들을 위하여 집필된 지침서로서 짧은 시간 내에 헤어컬러디자인을 연출할 수 있도록 이론과 테크닉으로 나누어 가능한 쉽게 구성하였습니다.

1장에서는 모발이론, 2장에서는 색채학, 3장에서는 컬러챠트만들기, 4장에서는 염색이론, 5장에서는 기본테크닉을, 그리고 6장에서는 1~5장에서의 기본테크닉을 이용하여 컬러디자인을 연출할 수 있도록 실기 위주의 테크닉으로 구성하였습니다.

또한 미용을 처음 접하는 미용학과 학생들이 중도에 흥미를 잃지 않도록 지루하지 않으면서도 현장감있는 시각적인 교육효과를 위해 전 과정을 사진으로 제작하였습니다.

지난 몇년동안 최선을 다해 씨쓰리 커트, 씨쓰리 퍼머넌트웨이브, 씨쓰리 업스타일, 씨쓰리 응용컷트, 씨쓰리 헤어드라이, 시쓰리 기초 커트에 이어 씨쓰리 헤어컬러디자인을 출간하게 되었습니다.

그동안 여러분들께서 베풀어 주신 분에 넘치는 각별한 사랑과 성원에 감사드리며 앞으로도 최선의 노력을 기울여 관련 분야의 교재를 시리즈로 엮어 갈 예정입니다.

본 교재의 완성을 위해 몇번의 원고수정을 통하여 현장감 있는 내용과 최고의 테크닉을 구사한다고 노력을 하였으나 정리를 끝내고 나니 아직도 미흡한 부분이 많음을 절감합니다. 부디 이 한권의 책이 기술 경쟁력을 갖춘 미용인이 되는데 조금이나마 도움이 되었으면 하는 기대를 가져보며 끊임없는 노력과 최선을 다하는 미용인이 될 것을 약속합니다.

끝으로 작품 모델에 흥쾌히 응해 주신 씨쓰리 수강생들과 오랜 시간 동안 최선을 다해 묵묵히 도와주신 곽현숙 선생님께 감사드리며 이 한권의 책의 완성을 위해 물심양면으로 지원을 아끼지 않은 청구문화사 이상태 사장님과 임직원 여러분, 그리고 촬영을 위해 수고 하신 문기종 선생님께 진심으로 감사드린다.

2011년 8월
저자일동

목 차

I

모발 이론

1. 모발의 역할

모발(hair)은 포유동물만이 가지고 있는 피부의 부속기관으로 신체에 나있는 모든 털을 의미한다. 사람의 모발기관은 태아 9주~4개월에 발생한다. 사람 태아의 모든 모기관은 머리 부위에서 꼬리 부위의 순으로 형성된다. 머리 부위 중 눈썹, 윗입술, 아래턱 부위에 발생되고, 이어서 두개골, 안면, 후두부에 이어 기타 다른 부위에도 발생한다. 신체의 발육과 함께 피부가 신장하기 때문에 각 부위에 따라 밀도차가 생기게 된다. 이 시기의 모발을 생모(生毛, lanugo)라고 하며 대단히 짧고 가늘다.

생모는 태생 8개월 경에 전부 빠지고 연모로 치환되며 그 후 약 2cm까지 성장하여 다소 굵은 연모를 지닌 상태에서 출생하게 된다. 출생 후에는 모기관이 새로 생기지 않으며 성장과 함께 부위에 따라 길이와 굵기에 차이가 생긴다.

모발은 입술, 손바닥, 발바닥, 항문, 음부 등의 점막을 제외한 몸전체에 생기지만, 그 발생장소에 따라 길이나 굵기가 다르다. 종류를 나누자면 장모, 단모가 있다.

- 장모 : 한냉과 일광으로부터 신체보호와 체온조절에 관여하며, 장식기능이나 미용에 이용하기도 한다.
  두모(머리털, capilli), 수모(수염, barba), 액모(겨드랑이털, hirci), 음모(pubes)
- 단모 : 먼지나 땀으로부터 신체를 보호하고 있다.
  미모(눈썹, supercilia), 비모(코속털, vibrissqe)

1) 신체보호

① 머리털 : 외부로 부터의 충격 및 추위나 더위로 부터 보호
② 눈썹, 코털 : 티끌, 먼지, 벌레 침입방지
③ 겨드랑이털 : 마찰방지
④ 귓속털, 속눈썹 : 이물질 침입방지

2) 체온유지

장모와 솜털은 한냉과 일광으로 부터 체온을 조절을 하여 항상 일정한 체온을 유지한다.

3) 장식기능

① 남녀를 막론하고 아름답게 하는 역할을 한다.
② 커트, 컬러링, 드라이, 펌 등의 헤어스타일을 만드는 장식기능을 한다.
③ 여성, 남성의 특징을 나타내는 역할을 한다.

2. 모발의 발생

모발의 발생은 모체의 태내부터 시작되고, 태아 9~12주 경이면 자라기 시작하여 출생과 함께 형성된다. 모발의 성질은 태내에서 이미 결정된다. 태아의 피부면에 생긴 모모세포는 피부내에 깊숙이 침투하여 모낭을 형성한다. 이 모낭은 피부의 부속기관인 표피세포로 부터 만들어 진다. 모낭의 제일 아랫부분에 모유두가 형성되는데 이 모유두에서 모발이 만들어 진다.

모유두는 모발의 제조공장으로 모세혈관과 자율신경이 연결되어 있다. 모세혈관은 모발의 원료가 되는 아미노산의 수송경로이다. 아미노산은 모유두에서 자율신경의 명령에 따라 단백질을 합성해서 케라틴 단백질을 만든다.

단백질 합성요소는 자율신경의 명령과 호르몬의 자극에 의해 모발의 주성분인 아미노산과 비타민, 철, 구리, 미네랄 등을 합성하여 케라틴 단백질을 합성한다. 이 케라틴 단백질이 커지면서 모모세포는 성장하고 분열을 한다.

모발은 모구의 모유두기 중앙부근의 세포가 각화현상을 일으킬 때, 비로소 만들어지는데 서서히 성장, 발달하여 한 가닥의 모발이 되며, 분열과 각화가 계속되면서 위로 성장하여 올라가 모표피, 모피질, 모수질로 나누어 성장하면서 모발을 형성한다.

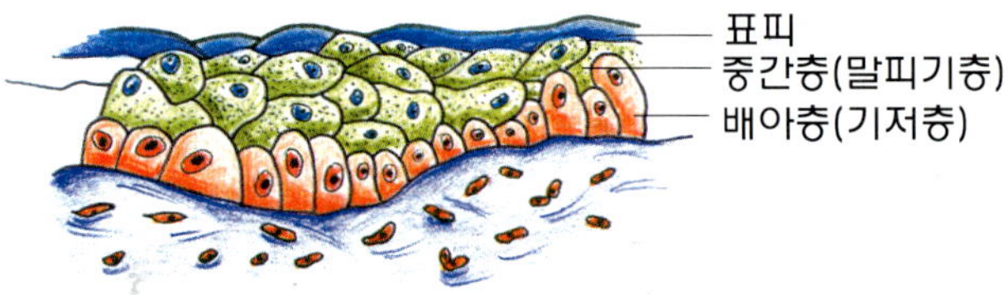

① 전모아기

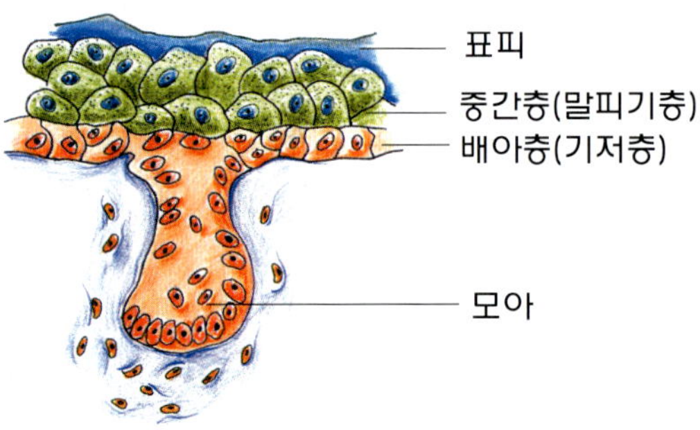

② 모아기

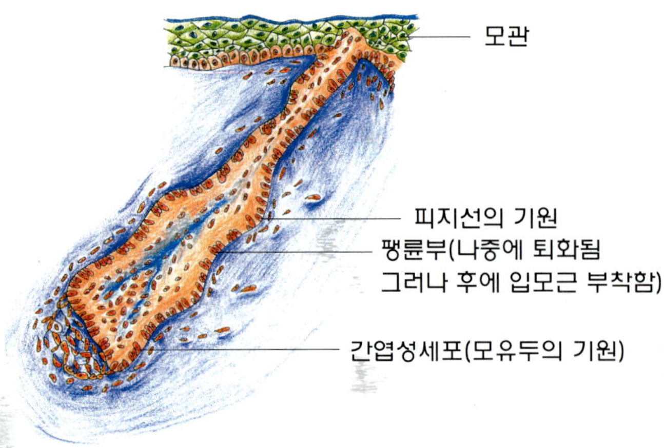

③ 모항기

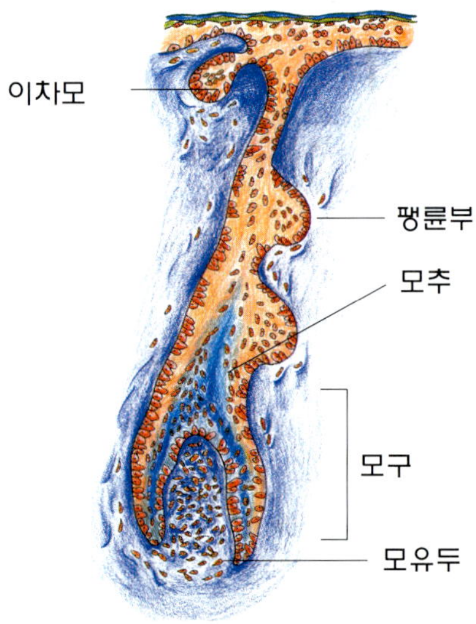

④ 모구성 모항기

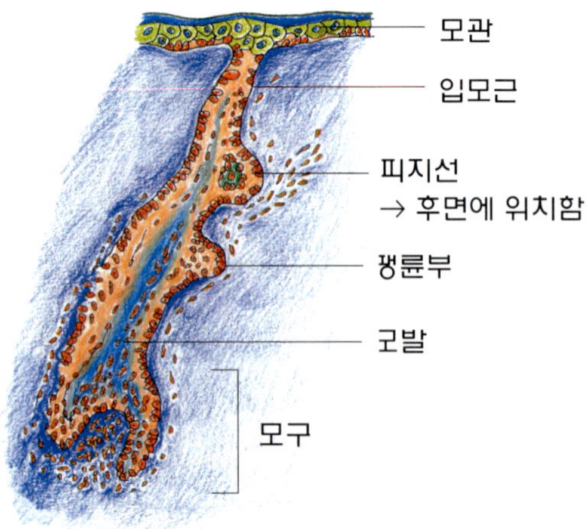

⑤ 완성모낭

3. 모발의 구조

모발은 피부 밖으로 나와 있는 모간(毛幹, hair shaft)과 피부내에 있는 모근(毛根, hair root)으로 나누어진다.

1) 모근부의 구조와 기능

모근은 모낭으로 둘러싸여 있으며 내모근초와 외모근초로 덮혀있다. 피부조직 속에 자리잡고 있는 모근은 표피층에서 피하조직 층까지 내려가 있으나 모구부의 활동반경에 따라 그 위치가 차이를 두고 있다. 성장기의 모근은 모구 부분이 팽창된 상태로 진피층 하부나 피하조직 윗부분까지 위치하고 있으나, 퇴화기를 거쳐 휴지기로 접어들면서 모구부가 수축하여 모근의 위치가 진피층 상부로 올라온다.

(1) 모근은 모낭에 둘러싸여 있다.

(2) 모낭(hair follicle)

① 털주머니라고 한다.
② 작고 긴 관모양으로 피부 안쪽으로 움푹 들어가 모근을 유지 시켜준다.
③ 상피성 모낭과 결합조직성 모낭으로 나뉘며 두 모낭 사이에는 얇은 막(초자막)이 있다.
④ 피지선과 입모근(기모근)이 부착되어 있다.
⑤ 모발이 생성되어 각화되어 피부표면으로 나오기까지 보호하며 운반하고 피부각질로 떨어져 나간다.
⑥ 모발을 보호하고 생장시키는데 중요한 역할을 한다.

(3) 모유두(hair papilla)

① 모세혈관과 신경이 몰려 있다.
② 혈관으로부터 영양이나 산소를 공급받아 모발의 발생과 성장을 도와준다.

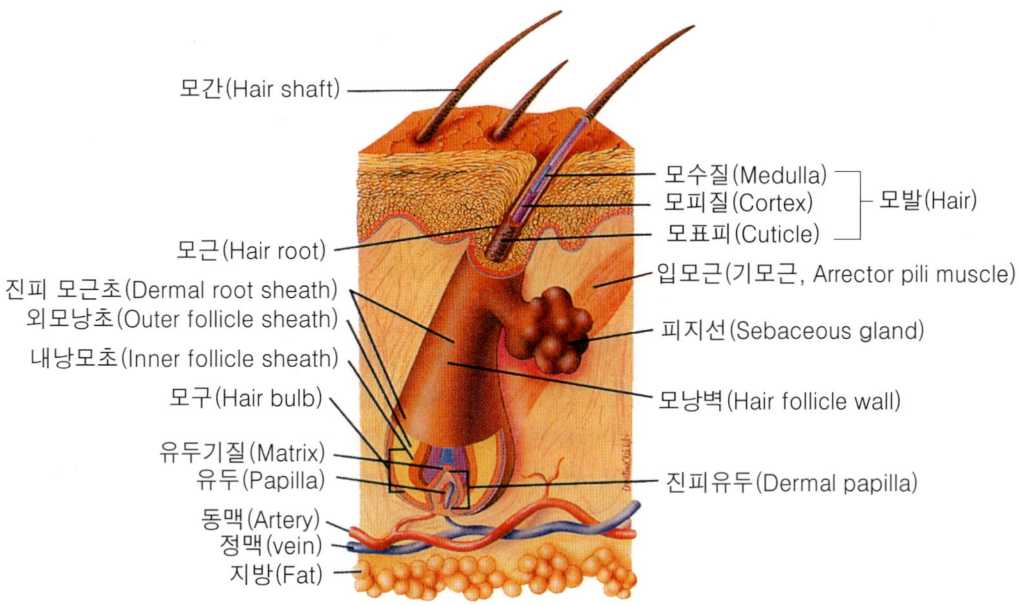

모발의 구조

③ 모유두에 접한 부분에 모기질(hair matrix)이 있고 모발은 여기에서 만들어진다. 즉, 모모세포는 모유두에 들어있는 모세혈관으로부터 영양과 산소를 공급받아 분열을 반복함으로써 모발을 형성한다.
④ 모발에 색을 부여하는 수지상의 색소형성세포(melanocyte)도 있다.
⑤ 모낭 형성에 매우 중요하며 이를 제거하면 모낭이 모간을 생산하는 능력을 잃게 된다.

(4) 모구(hair bulb)

① 모근의 최하부 팽창된 부분이며 모유두와 연결되어 있다.
② 모발과 이를 보호하는 내모근초와 외모근초가 만들어지는 곳이다.
③ 모주기에 따라 그 형태가 달라진다.

(5) 모모세포(keratinocyte)

① 모발을 구성하는 세포이다.
② 모유두와 접하고 있으며 이곳에서 영양공급을 받아 왕성한 세포분열 증식을 한다.
③ 모간의 구조가 결정되는 곳이다.
④ 모모세포의 구성은 케라틴 단백질 합성세포인 케라티노사이트와 모발색을 나타내는 멜라노사이트로 이루어져 있다.
⑤ 인체에서 골수세포 다음으로 가장 왕성한 세포분열을 한다.

(6) 색소세포(melanocyte)

① 그 크기와 양에 따라 모발이 색이 결정된다.
② 모모세포에 주로 분포되어 함께 생성된다.
③ 백모현상은 색소세포의 분열이 정지된 상태이며, 원인은 유전적요인, 질병에 의한 것, 스트레스 등이 있다.

(7) 피지선(sebaceous gland, oil gland)

① 모낭벽에 붙어 있으며, 피지를 분비하여 피부나 모발에 촉촉함을 부여하며 보호한다.
② 문제성 두피의 발생이나 남성형 또는 지루성 탈모증과 깊은 관계가 있다.

(8) 입모근(기모근, arrector muscle)

① 피지선 아래부위에 위치한다.
② 평활근의 일종으로 불수의근(스스로 움직일 수 없음)이다.
③ 차가움이나 공포에 의해 자율적으로 수축해서 소름을 일으키며 털을 세운다.

(9) Auber 임계선(critical level)

이 선을 경계로 하여 모구하반부와 모구상반부로 나누어진다. 하반부에는 모모(기저)세포가 급속히 분열한 미분화 세포에 의해 구성된다. 모구중의 거의 모든 세포분열은 이 부분에서 이루어지고, 상반부에서는 조금 밖에 이루어지지 않는다.

(10) 내모근초 · 외모근초(inner root sheath · outer root sheath)

① 모낭 내의 모발을 직접 감싸고 있는 조직이다.
② 모모세포의 주변 및 외측부분에서 형성. 모포 협부의 상부, 즉 피지선 개구부 부근에서 붕괴된다.

③ 주된 기능은 모근의 형태 또는 윤곽을 만드는 것으로 알려져 있다.
④ 내모근초 : 표피의 각질층과 과립층, 유극층으로 구성되어 있으며, 모발을 직접 보호하고 표피까지 운반한 후 각질화(비듬)되어 탈락된다.
⑤ 외모근초 : 표피의 기저세포나 유극세포와 유사하며, 기모근 근처까지 올라와 소실된다.

2) 모간부의 구조와 기능

모간은 외측에서부터 모소피(cuticle), 모피질(cortex), 모수질(medulla)의 3층으로 나누어진다.

(1) 모소피(cuticle, 모표피)

① 모발의 가장 겉 표면이다.
② 뿌리에서 모끝으로 향하여 비늘모양으로 겹쳐 있다(문리(紋理)라 부름).
③ 내측의 모피질을 감싸서 보호하고 있다.
④ 색소가 없는 투명한 세포로 구성.
⑤ 1개의 세포는 두께가 약 0.5~1.0㎛, 길이가 약 45㎛이고 건강한 모발은 5~15개가 밀착하여 겹쳐져 있다.
⑥ 모발의 10~15%.

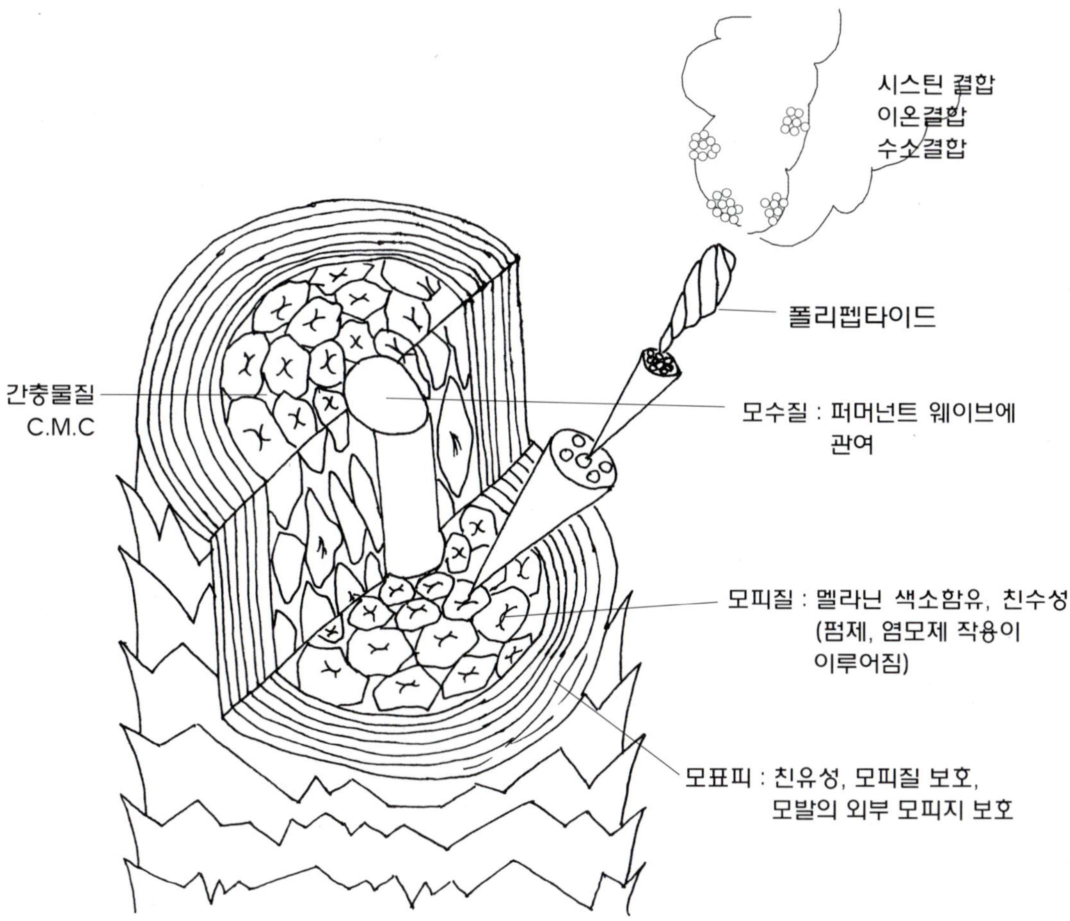

⑦ 경질의 케라틴으로 만들어져 딱딱하며, 부서지기 쉽고 마찰에 약하기 때문에 무리한 브러싱이나 거친 샴푸에 의해 손상되거나 박리되기 쉽다.

⑧ 모소피는 3층으로 이루어져 있다.

㉠ 에피큐티클(epicuticle) : 모발표면에 존재하고 두께는 약 10㎚.

- 지질과 시스틴을 함유하는 단백질로 구성.
- 각질용해성 또는 단백용해성의 약품에 대한 저항이 가장 강한 층. 그러나 딱딱하고 부서지기 쉽기 때문에 물리적인 작용에 약하다.

㉡ 엑소큐티클(exocuticle) : 두께는 약 100~300㎚.

- 시스틴 함량이 많으며(총 아미노산의 20%) 비정질의 케라틴층이다.
- 엑소큐티클은 시스틴 함량의 차이에 따라 다시 2층으로 나뉘는데, 상부(외측)는 엑소큐티클 전체보다 시스틴 함량이 많아 α-층이라고 하고, 그 하부(내측)만을 엑소큐티클이라고 부르는 경우도 있다. α-층은 비교적 일정한 두께로 균일하게 엑소큐티클내에 존재한다. 엑소큐티클의 하부(내측)는 불균일한 형상으로 엔도큐티클에 접해 있다. 이 층 전체로는 단백 용해성의 약품에 대한 저항성이 강하지만, 시스틴 결합을 절단하는 약품에는 약하다.

㉢ 엔도큐티클(endocuticle) : 두께는 약 50~300㎚로 변화가 있는 층이다.

- 엔도큐티클은 엑소큐티클과 불규칙한 형상으로 접하고 있으나 하부(내측)에 세포막 복합체(cell membrane complex, CMC)와 비교적 균일한 형상으로 접해 있다.
- 시스틴 함량이 적고 산성이나 염기성의 아미노산을 다른 큐티클보다 많이 함유하고 있기 때문에 물에 의한 팽윤성이 있다. 케라틴 침식성의 약품에는 강하지만 단백 침식성의 약품에는 약하다.

(2) 모피질(cortex)

① 모소피의 내측에 있다.

② 케라틴질의 피질세포(cortical cell)가 모발의 길이 방향으로 규칙적인 배열을 하고 있는 세포 집단과 세포간충물질(inter macrofibrillar material)로 구성되어 있다.

③ 모발의 85~90% 차지한다.

④ 피질세포는 길이가 약 100㎛, 직경이 약 1~6㎛, 핵의 잔사가 남아있다.

⑤ 모발색을 결정하는 멜라닌을 포함한다.

⑥ 모발의 유연함, 탄력성 및 강도 등 물리적, 화학적 혹은 역학적인 성질을 좌우한다.

⑦ 피질세포는 직경이 0.1~0.4㎛인 방종형의 매크로 피브릴(macro fibril, MF)이라는 섬유상 단백질 성분이 다수 모여서 구성

⑧ 매크로 피브릴은 마이크로 피브릴(micro fibril)이 모여 구성

⑨ 마이크로 피브릴은 프로토 피브릴(proto fibril)이 모여 구성

⑩ 프로토 피브릴은 3개의 폴리펩타이드 주사슬이 a-helix(나선형) 구조형태로 조합되어 구성

(3) 모수질(medulla)

① 모발의 중심부에 있고 공간으로 이루어진 벌집모양의 세포이다.

② 소량이 멜라닌을 함유한다.

③ 모발의 광택과 보온에 영향을 미친다.

④ 굵은 모발일수록 수질이 있는 것이 많고 연모나 유아의 모발에는 없다.

▶ **세포막복합체(CMC, Cell Membrane Complex)**

단백질과 지질을 포함하고 있는 단위 세포막으로 표피와 표피사이, 피질간 세포사이에서 접착제 역할을 한다. 주요 작용은 모표피사이에서 외부로부터 이물질의 침입을 막으며, 모피질내의 수분이나 단백질의 용출을 막는다. 펌이나 염색 시술시 약제의 통로가 되기도 하며 내부의 간충물질을 용출시키는 통로가 되어 모발손상을 가져오기도 한다.

4. 모발의 색소(Melanin)

생물계에 분포되어 있는 색소는 식물계의 색소와 척추동물이 가지고 있는 갈색의 색소로서 이 두 계통은 동일하지는 않지만 화학적으로 모두 멜라닌(Melanin)으로 정의한다. 동·식물이 가지고 있는 멜라닌(Melanin)은 티로신(Tyrosine)에서 티로시나아제(tyrosinase)의 산화작용에 의해 5,6-hydroxylindol이 만들어지는 것이 공통적이다. 모발의 색은 멜라닌 합성의 정도에 따라 결정되며 색소형성과정은 대부분 유전적으로 조절된다. 선천성색소결핍증(Albinos) 환자를 제외한 정상적인 인간에게는 멜라닌을 만들어 내는 멜라닌형성세포(melanocyte)를 가지고 있으므로 인종별, 개인별로 다양한 피부와 모발색을 가지고 있다.

1) 멜라닌(Melanin)의 종류

자연 모발색상을 나타내는 멜라닌은 모피질에 과립모양으로 존재하며 크게 두 가지로 나뉘며, 유멜라닌(eumelanin)과 페오멜라닌(pheomelanin)으로 구분된다. 멜라닌(Melanin)은 멜라닌형성세포(melanocyte)내의 소기관인 멜라노좀(melanosome)에서 합성되며, 멜라노좀의 골격이 형성되면 그 골력에 티로시나아제(tyrosinase)가 먼저 배열되고 멜라닌의 생합성이 이루어진다. 유멜라닌(eumelanin)과 페오멜라닌(pheomelanin)은 티로신(tyrosine)에서도파퀴논(DOPAquinone)까지의 반응경로는 같다.

(1) 유멜라닌(eumelanin)

① 분자량이 높은 중합체(polymer)로서 물에 용해되지 않으며 복잡한 화학반응의 생성 결과물이다.
② 길이가 0.8~1.2㎛이며 두께는 0.3~0.4㎛ 정도의 타원 형태로 되어 있다.
③ 뇌하수체에서 색소자극 호르몬에 의해 멜라닌형성세포(melanocyte)의 티로신(tyrosine)이 효소인 티로시나아제(tyrosinase)의 영향을 받아 산화 ? 중합반응을 거쳐 도파(DOPA, 3,4-dihydroxyphenylalanine)가 되고 다시 도파퀴논(DOPAquinone)이 되는 과정을 지나 DOPA chrome 5,6-hydroxylindol의 경로를 거쳐 흑갈색의 유-멜라닌(eu-melanin)으로 만들어진다.
④ 주로 갈색이나 검은색을 나타낸다.
⑤ 흑인이나 동양인의 피부색과 모발색을 결정한다.

(2) 페오멜라닌(pheomelanin)

① 도파퀴논(DOPAquinone)이 시스테인(cysteine)과 결합한 후 적갈색의 페오멜라닌(pheomelanin)으로 형성된다.

② 노란색이나 빨간색을 나타낸다.
③ 서양인의 피부색과 모발색을 결정한다.
④ 유-멜라닌에 비해 색과 미립자가 더 작고 타원형이며 표면이 움푹 들어가 있다.

2) 멜라닌(Melanin)의 분포 및 역할

① 모발의 멜라닌 생성 및 분포는 피부 표피상(epidermal)의 방법과 동일하게 이루어진다.
② 피부에서의 멜라닌형성세포(melanocyte)는 표피층의 기저층에 주로 분포되어 있다.
③ 모발에서의 멜라닌형성세포(melanocyte)는 모모세포층에 분포되어 있다.
④ 멜라닌 과립은 멜라닌형성세포(melanocyte)의 돌기부위를 통해 피질층에 있는 모모세포층으로 방출된다.
⑤ 멜라닌은 과도한 자외선으로부터 피부와 모발을 보호하는 역할을 하고 있다.

3) 백 모

모발색은 모발 중에 함유되어 있는 멜라닌(melanin)의 량에 따라 결정되며, 백모(흰머리)는 색소의 이상현상으로 볼 수 있으며 노화의 한 현상으로도 나타난다. 나이가 들면서 멜라닌(melanin)의 생성 속도는 느려진다. 백모라도 멜라닌 과립(melanin granules)은 계속 생성되지만 멜라닌 양이 점차 줄어들어 모발색이 엷어지며 약해져 전체적으로 색이 없어지는 백모가 생긴다. 이러한 백모도 그 색이 다양하며 사람에 따라 조금씩 차이가 있다. 백모발생의 원인은 충분히 밝혀지지 않았으나 모구부의 색소세포계의 변화를 들 수 있다.

▶ 멜라닌형성세포(melanocyte)의 감소(손실)
▶ 멜라닌형성세포(melanocyte)내의 티로시나아제(tyrosinase)의 감소(손실)
▶ 멜라닌형성세포(melanocyte)에서 피질세포로 멜라닌과립 이동의 저해

5. 모발의 성장주기

모발은 항상 성장하는 것이 아니고 어느 정도의 기간이 지나면 성장을 멈추고 자연스럽게 탈락된다. 이 같은 현상을 반복하는데 이것을 모발의 성장주기라고 한다. 신생아의 경우에는 전체모발의 90% 이상의 성장기 모발이며 사춘기를 지나면서 부터 모발의 성장능력은 점차 느려진다. 모발의 수명은 남자는 3~5년, 여자는 4~6년으로 여자가 남자보다 더 길다. 인체의 털은 몸의 부분별로 수명과 성장시간이 다르고 영양상태, 호르몬, 기온, 햇볕의 영향을 받는다.

모발은 모구의 모유두에 있는 혈관에서 공급된 영양분이 모근의 끝에 새로운 세포를 만들어 위로 밀려 나감으로써 성장한다. 이 변화는 성장기, 퇴화기, 휴지기의 모발 성장주기를 거친다.

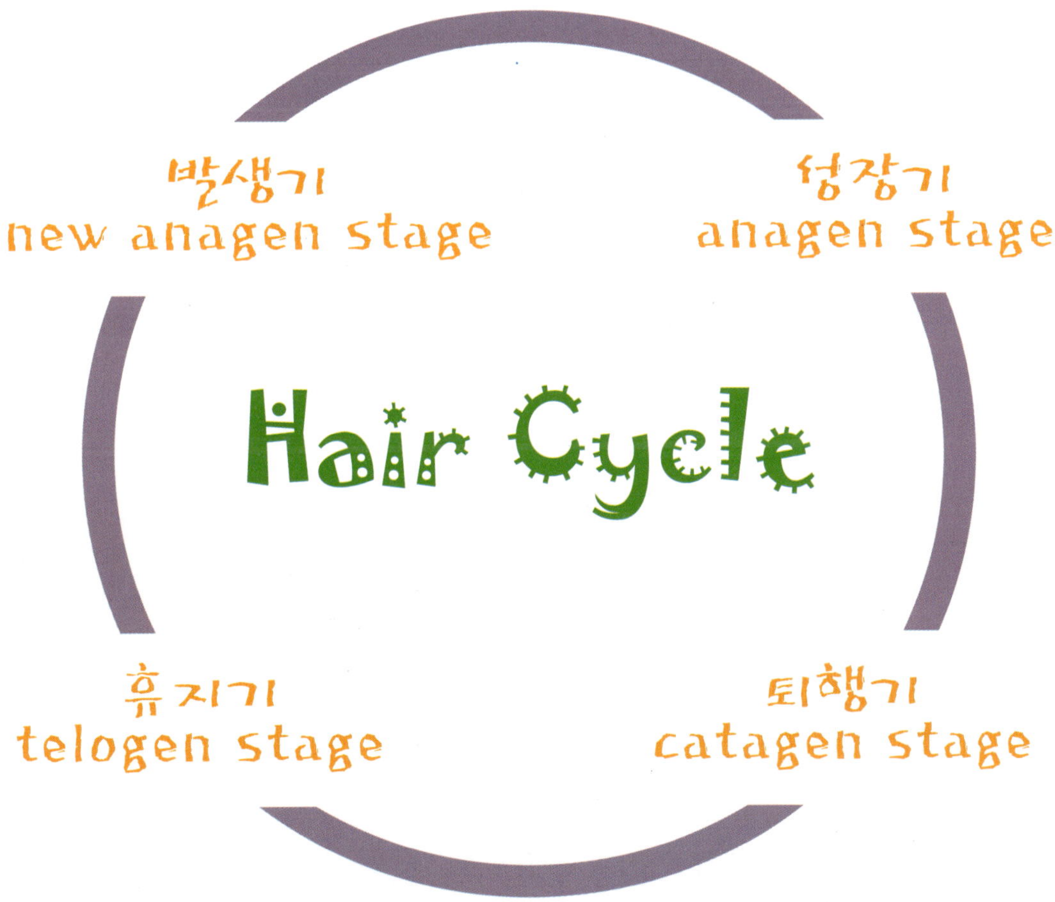

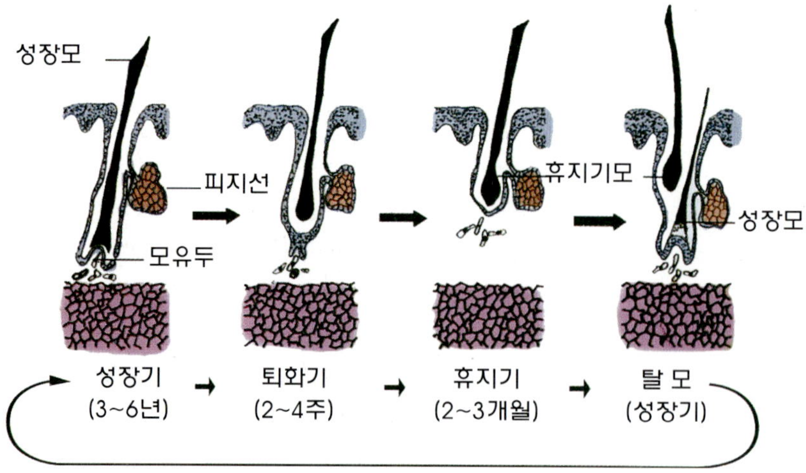

Hair cycle

1) 성장기(Anagen stage)

모발이 성장하는 시기를 말한다. 모유두 위에 모모세포가 분열을 일으켜 활발한 신진대사 활동을 한다. 여기서 딱딱한 케라틴이 모낭 안에서 만들어지고 퇴화하기 까지 성장한다. 수명은 3~6년 정도로 모발의 80~90%가 성장기 단계에 해당된다. 성장기의 모발은 1개월 1~1.5cm 자라지만 호르몬, 연령, 건강상태, 성별에 따라 달라질 수 있다.

2) 퇴화기(Catagen stage)

모발은 성장기가 끝나고 모발의 형태만 유지하며 케라틴을 만들어 내지 않아 세포분열이 정지된 상태이다. 성장기에서 휴지기로 넘어가는 단계로 약 1개월 정도이다. 모발의 1~2%가 퇴화기에 해당된다.

3) 휴지기(Telogen stage)

모근과 모유두의 결합이 느슨해지면서 모유두의 활동이 일시 정지되어 모발이 빠지게 되는 시기이다. 휴지기가 되면 즉시 모발이 빠지는 것이 아니라 한동안 두피에 남아 있는데 이 기간이 2~4개월 정도로 본다. 휴지기 동안 모유두에서는 새로운 성장기가 시작되면서 모낭이 아래쪽에 성장하기 시작하고 새로운 모발이 생겨난다. 오래된 모발은 새로운 모발에 밀려 떨어져 나가거나 샴푸, 빗질에 의해 빠진다.

4) 발생기(New anagen stage)

휴지기동안 휴식을 취한 모유두가 새로운 모발을 만들고자 하는 시기이다. 한 모낭안에서 서로 다른 주기의 모발이 공존한다. 새로운 신생모는 성장하고, 휴지기 모발은 탈락된다.

6. 모발의 성분

1) 모발의 구성 성분

모발은 케라틴이라는 경단백질(18종의 아미노산으로 결합) 80~90%, 수분 10~15%, 지질 1~8%, 미량원소 0.6~1.0%, 멜라닌색소 3%가 함유되어 있다.

(1) 케라틴(keratin)

모발의 주성분인 케라틴단백질은 아미노산으로 결합되어 있으며 시스틴이 14~18%가 함유되어 있다.

모발 기본물질인 아미노산의 5가지 구성 원소

· 탄소(C) : 50~80%
· 수소(H) : 6%
· 산소(O) : 22%
· 질소(N) : 8~12%
· 황(S) : 5%

케라틴(Keratin)을 구성하고 있는 아미노산(amino acid)의 조성과 등전점

종 류		조 성(%)	pH(등전점)
산성	아스파라긴산	3.9~7.7	2.8
	글루타민산	13.6~14.2	3.2
중성	알라닌	2.8	6.0
	글리신	4.1~4.2	6.1
	이소로이신	4.8	5.9
	로이신	6.3~8.3	6.0
	메티로닌	0.7~1.0	5.7
	시스틴	16.6~18.0 (0.5~0.8)	5.0(5.1)
	페닐알라닌	2.4~3.6	5.5
	프로닌	4.3~9.6	5.7
	스테오린	7.4~10.6	5.6
	세린	4.3~9.6	5.7
	트립토판	0.4~1.3	5.9
	티로신	2.2~3.0	5.7
	날린	5.5~5.9	6.0
알칼리	알기닌	8.9~10.8	10.8
	히스티딘	0.6~1.2	7.5
	리신	1.9~3.1	9.7

(2) 수 분

함유량에 따라 모발의 건강상태 파악

· 건강모 : 10~15%
· 세발 직후 타올드라이 : 30~35%
· 최대 함유랑 : 45%
· 드라이 후 : 10%(10% 이하는 건조모)

(3) 지 질

피지선에서 분비된 피지와 피질세포 자체적으로 가지고 있는 지질을 함유한다.

① 피 지

피지의 분비량과 조성을 연령, 성별, 인종, 호르몬, 식습관 등의 내부 요인과 온도, 마찰 등의 외부 요인에 따라 영향을 받으므로 개인차가 크다.

② 피지막

피지 중의 유리지방산(free fatty acid)과 땀, 젖산(lactic acid), 아미노산(amino acid) 등에 의해 약산성(pH 4.5~5.5)의 특징을 갖는다. 보통 피부의 pH라고 하는 것은 피부 자체의 pH가 아니라 피지막의 pH를 가르킨다.

(4) 멜라닌색소(모발색 결정) : 모발을 착색시키고 자외선으로 부터 두피보호

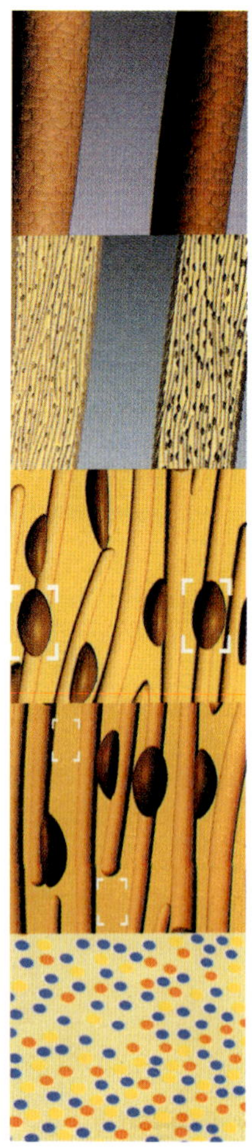

모발에는 유멜라닌(ceumelanin)과 페오멜라닌(pheomelanin) 두 종류가 있어 모발색을 만드는 역할을 한다. 유멜라닌은 어두운 갈색 계열, 페오멜라닌은 노랑 계열을 결정한다. 페오멜라닌에 비하면 유멜라닌은 큰 타원형의 구조로서 쉽게 변하는 성질을 갖고 있다. 털의 모양과 굵기 및 색상은 인종과 성, 연령에 따라 다르며 환경과 영양상태에 따라서 현격한 차이가 난다.

① 입자형

· 입자가 큰 유멜라닌으로 구성되어 있다.
· 동양인에게 많이 분포되어 있다.
· 어두운 갈색계열의 색상을 가지고 있다(입자안에 빨강, 파랑, 노랑)
· 산화력에 견디는 힘이 약하다.

② 분사형

· 입자가 작은 페오멜라닌으로 구성되어 있다.
· 서양인에게 많이 분포되어 있다.
· 밝은 노란계열의 색상을 가지고 있다.
· 산화력에 견디는 힘이 크다.
· 혼합비율, 밀도, 약에 따라서 모발의 색이 결정된다.

(5) 미량원소

금속성분(모발색과 관련), 비금속(인, 규소)

EUMELANIN
BLACK
PHEOMELANIN
RED
EUMELANIN
PHEOMELANIN
BROWN
EUMELANIN
PHEOMELANIN
BLONDE

멜라닌 상태

2) 모발의 성질

컬러디자인을 시술하기 위해서는 모발의 본래의 성질을 알아야만 원하는 색깔이 모발에 착색하게 시술하는데 도움이 된다.

(1) 모발의 질감

모발의 질감은 롯드선택과 약제선택에 관계가 있으며 개인마다 모질이 다르다. 굵은모발, 가는모발, 손상모, 극손상모로 구분된다.

(2) 모발의 밀도

모발의 밀도는 모발의 질감과 밀접한 관계를 가지고 있으며 모발의 수에 결정되기도 하지만 모질이 굵은 모질은 모발의 수가 동일하더라도 훨씬 모발의 밀도가 많아 보이게 된다. 모발의 밀도는 일반적으로 9~15만 정도 되는데 우리나라 사람의 모발 밀도는 약 11만 정도에 달한다.

(3) 습윤성

모발이 수분을 흡수하는 성질을 말하며 주위환경의 습도에 따라 모발 수분 함유량은 변화하고 수분 함유량에 따라 모발상태가 달라진다.

(4) 탄력성

모발의 탄성은 코일모양의 케라틴이 스프링 구조로 이루어져 있기 때문에 가능하다. 즉 모발을 당겼을 때 손상 없이 본래의 상태로 되돌아 가려는 성질을 의미한다.

(5) 열변성

모발은 건열, 습열에 따라 영향을 미치는 정도가 다른데 건열일 경우 120℃ 전후에서 모발이 팽창하고 130~150℃ 전후에서 변색, 270~300℃에서는 연소되어서 분해된다.

(6) 광변성

태양광선은 파장의 길이에 따라 적외선, 가시광선, 자외선으로 구별되는데 모발에 직접 영향을 주는 것은 자외선이라 할 수 있다. 자외선에 과다하게 노출될 경우에는 시스틴 함량이 줄어들고 멜라닌 색소가 파괴된다.

(7) 대전성

모발을 브러싱할 때 브러쉬나 빗에 모발이 붙거나 엉키는 정전기 현상을 말한다.

(8) 비 부패성

모발은 특별한 관리를 하지 않아도 쉽게 부패하지 않아 장기간 보존이 가능하다.

7. 모발의 pH(Power of hydrogen Ions)

1) 모발의 pH란?

모발의 pH란 모발에 포함되어 있는 수분과 그 수분에 녹아있는 단백질, 지질 등에 의해 결정된다. 모발의 pH는 보통 4.5~5.5 정도로 측정이 된다.

2) pH는 무엇인가?

pH란 쉽게 말해 물에 녹아있는 용액의 산성, 염기성 정도를 수치로 표현해 놓은 것이다. pH는 1~14까지 있으며 7을 기준으로 작으면 산성, 크면 염기성이라고 한다. 가장 진한 산의 pH는 1이며, 가장 강한 염기의 pH는 14이다.

pH란 수용액 중에 섞여있는 수소이온(H^+)과 수산화이온(OH^-)의 농도의 비를 말한다. 둘의 농도가 같으면 7이고, 수소이온이 많으면 pH의 수치가 작아지고 산성이 된다. 반대로 수산화이온이 많아지면 pH 수치가 높아지고 알칼리성(염기성)을 띄게 된다. 섭씨 25℃에서 수소이온과 수산화이온이 동일한 양으로 존재하는 순수한 물의 pH는 7이고, pH를 표기할 때에는 반드시 소문자 p와 대문자 H로 써야하며, PH나 ph로 써서는 안된다. 이것은 국제적으로 약속된 기호이다.

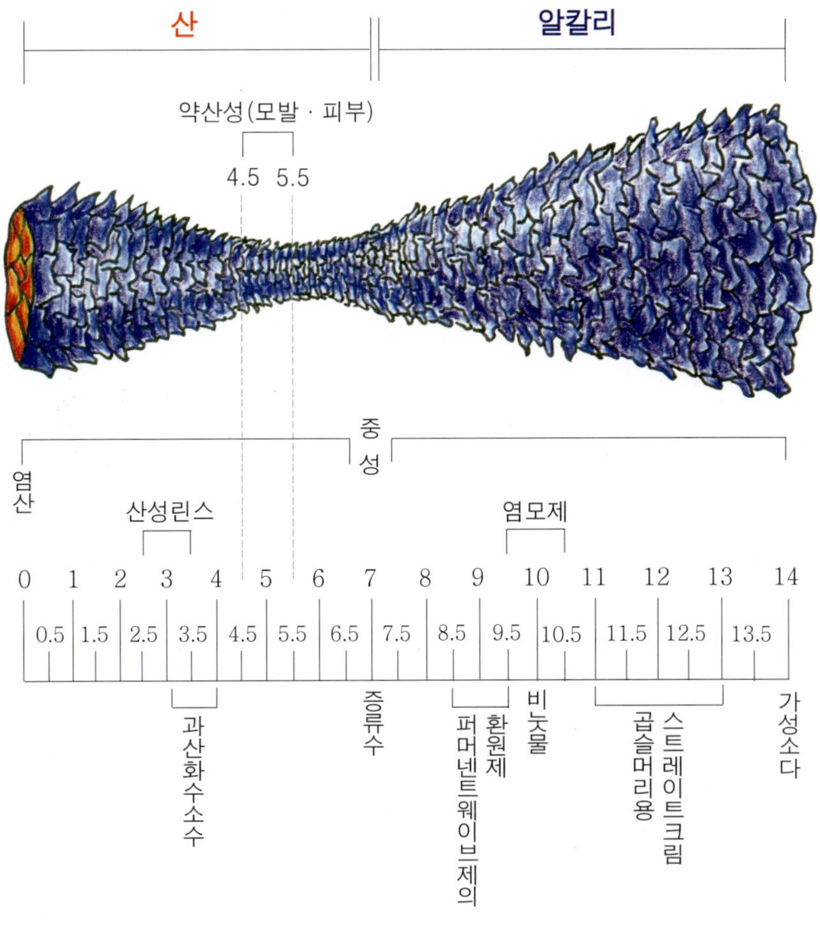

3) pH와 모발은?

헤어 스타일링에 있어서 pH를 안다는 것은 매우 중요한 일이다. 이는 pH에 따라 모발 구조가 변화하고 이에 따라 모발 내부로 약액 침투가 가능하거나 불가능 해 질수도 있기 때문이다. 손상되거나 약해진 모발의 경우에는 pH를 조절하여 어느 정도 복구도 가능하다. 미용실에서 사용하는 제품의 pH는 모발에서 화학작용에 의한 색소의 착색 정도를 결정하는 중요 요인이 되기도 한다. 따라서 모발과 pH와의 관계를 이해하는 것은 미용인에게 있어서 매우 중요하다고 할 수 있다.

(1) 산성의 특징

① 알칼리를 중화한다.
② 신맛이 난다.
③ 산성 린스는 모발에 윤기를 주고 모발 손질이 쉬워진다.
④ 강한 산성이 아니면 산성에 의한 모발 손상이 적다.

* 모발의 단백질은 산성에 대해 수축작용을 하므로써 모표피의 응축현상으로 표피층은 단단해진다.

(2) 알칼리의 특징

모발을 부풀려서 팽창하게 하는데 pH가 높을수록 단백질의 염결합이 파괴되어 불안정한 상태가 된다. 약알칼리에서는 모발의 유연함을 느낄 수 있고, 알칼리성이 강해지면 모발의 측쇄결합이 절단되어 단백질 자체도 분해된다.
① 쓴맛이 난다.
② 산으로 중화된다.
③ 감촉이 비누같이 미끈거린다.
④ 건조해 보이며 손질하기가 나쁘다.

알칼리에 의해서 팽윤된 모발은 pH 균형을 맞추기 위해 후 처리제 pH 밸런스를 도포하여 모발의 등전점(pH 4.5~5.5)으로 다시 되돌려 주어야 하며 코팅을 반복하게 되면 모발이 산성화가 되어 모발이 거칠어지므로 산성에 시술이 끝나면 알칼리제의 시술을 번갈아 가며 항상 모발은 pH 균형을 맞추어 주어야 건강한 모발을 유지한다.

II

색채학

1. 색채의 기초론

1) 빛과 색

인간의 눈을 통하여 자신의 외부 세계를 지각한다는 것은 모두 빛에 의한 현상이다.

빛이 없는 암흑 속에서는 물체의 형태는 물론이고 색조차 보이지 않으므로 색으로 보여지기 위해서는 먼저 빛이 필요하다. 빛이 우리 눈에 들어와 안구의 내측에 있는 망막에 닿으면 시신경이 자극되어 그 흥분이 시각중추에 보내져 색으로서의 감각이 생긴다.

이 감각은 그 빛이 나오는 장소와 방향에 따라 달라져 바로 눈앞에 물건이 있는 것 같이 지각되는 것이다. 이 색 감각은 사람에 따라 개성을 가지며 때와 장소에 따라 서로 느낌이 달라진다.

우리가 항상 보고 있는 색은 물체색이라 하며, 거의 전부가 조명빛의 반사나 투과에 의해 생기는 색으로, 스스로 발하는 광원의 색과는 구별되고 있다. 물체색은 각각 고유의 색을 가지고 있는 것 같이 생각되기 쉬우나, 이것은 물체가 빛의 파장에 의한 고유의 반사율이나 투과율을 가지고 있기 때문이다.

어떤 물체는 붉은 색광을 반사하고 다른 색 빛은 흡수하므로 붉게 보이고, 또한 어떤 물체가 희게 보이는 것은 색광을 100% 가까이 반사하기 때문이며, 반대로 100% 가까이 흡수하면 검게 보이는 것이다.

빛의 에너지 스펙트럼의 극히 작은 부분인 가시광선은 인간이 볼 수 있는 파장으로 약 380nm~780nm의 범위에 속하며 광선은 그 파장에 따라 서로 다른 색감을 일으키며 그보다 파장이 짧거나 긴 경우에는 우리가 볼 수 없으므로 빛이라고 하지 않는다.

2) 색의 3속성과 톤

(1) 색상(Hue)

빛의 스펙트럼에서 뚜렷하게 구분되는 색상은 빨강, 주황, 노랑, 초록, 파랑, 보라 등의 기본색상이지만 각 색상의 사이에는 점진적으로 변화되는 무수한 색상이 존재한다.

스펙트럼으로부터 전개된 많은 색상들의 위치와 변화를 쉽게 이해할 수 있도록 하기 위해 서로 인접하도록 둥근 고리의 형태로 배치한 것을 색상환이라고 부른다.

(2) 명도(Value)

색의 밝고 어두운 정도를 말하며 노란색은 가장 밝게 느껴지고, 다음은 주홍의 이며, 빨강과 초록은 중간 정도의 밝기이고, 보라와 파랑은 어둡게 느껴진다. 이처럼 색상끼리의 명암상태, 색채의 밝기를 나타내는 성질이다. 이러한 밝음의 감각을 척도화 한 것을 명도라 하며 흰색에 가까울수록 명도가 높다고 할 수 있으며 검정색에 가까울수록 명도는 낮아진다.

(3) 채도(Chroma)

색의 순수한 정도, 즉 색의 탁하고 선명한 강약의 정도를 나타내는 척도이며, 색 파장이 얼마나 강하고 약한가를 느끼는 것이 채도이다. 색은 순색에 가까울수록 채도가 높으며, 다른 색상을 가하면 채도가 낮아진다.

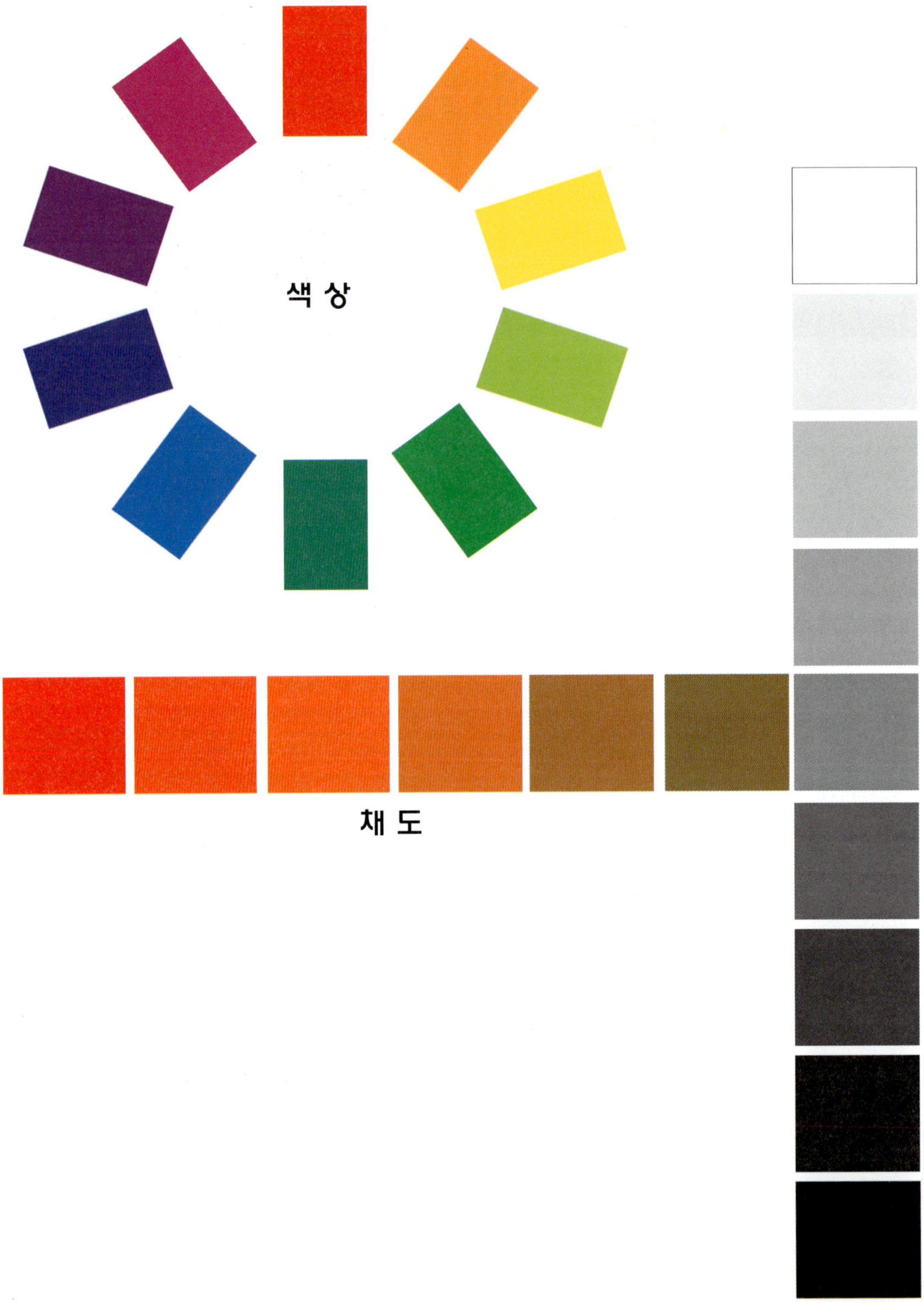

색상, 명도, 채도

(4) 톤(Tone)

톤은 명도와 채도의 복합개념을 말하는 것이며 동일한 색상에서도 명암, 강약, 농담 등 상태의 차이가 있다. 이러한 상태의 차이를 톤이라 한다. 그러므로 색 이름은 색상과는 별도로 구분하게 된다. 각 나라마다 규정하고 있는 세부적인 톤의 범위를 다소 다르지만, 톤은 크게 다섯 단계로 나누어 볼 수 있다.

이러한 톤 분류법은 색상의 범위 파악, 색 이름의 기억, 색의 이미지 조화에 도움을 준다.

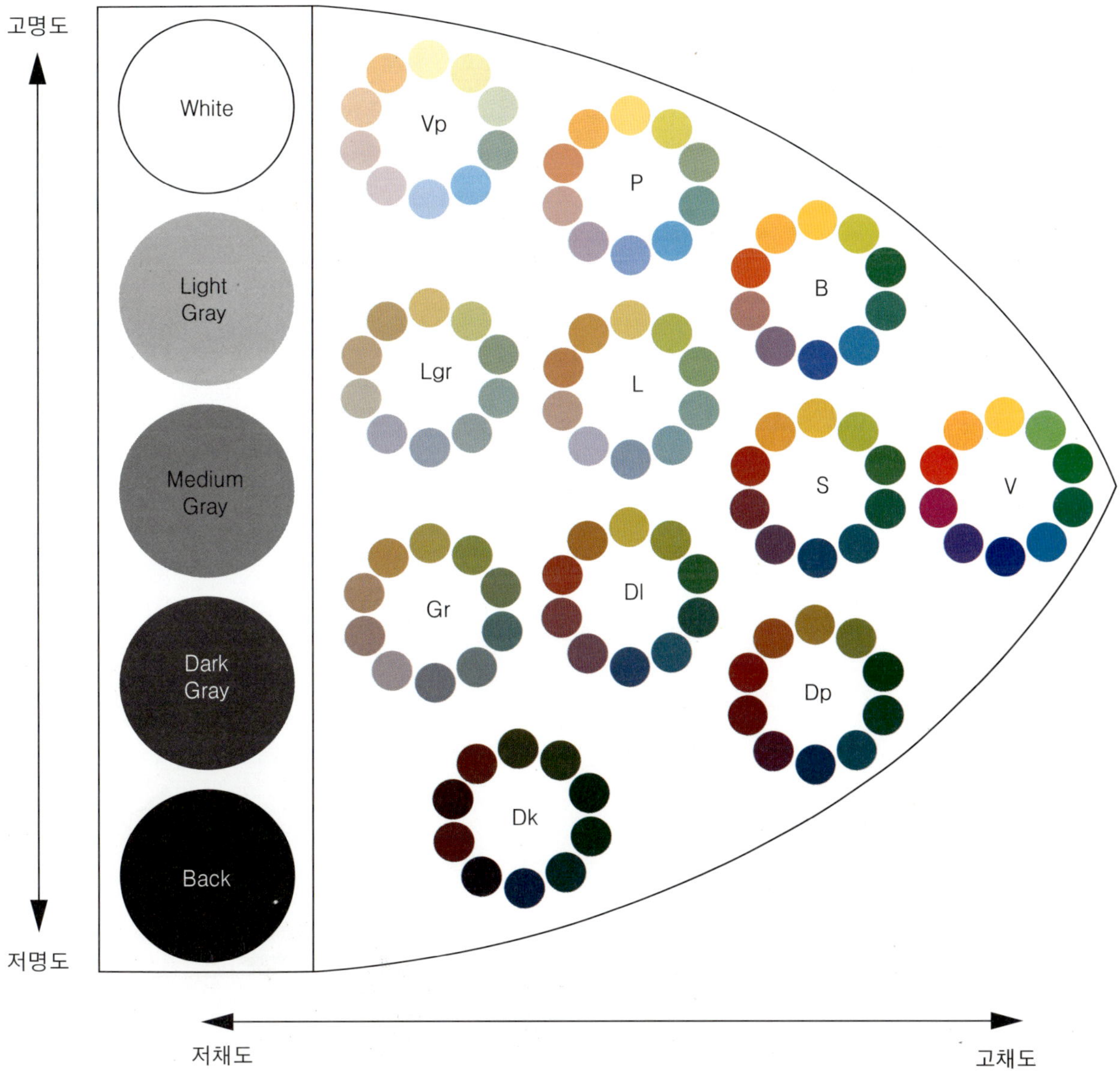

톤 이미지 스케일

3) 먼셀표색계

먼셀의 표색계는 독일의 물리학자 헬름홀츠(Hermann von Helmholtz)의 지각 이론에 근거한 것으로 색의 지각적인 면에 관심을 가지고 과학적 표준화를 이루었으며 1924년에 먼셀 색표집이 처음으로 발간되었다. 먼셀 표색계 현재 우리나라의 공업규격(KSA0062-71색의 3속성에 의한 표시방법)으로 제정되어 사용되고 있으며 빨강(R), 노랑, 초록, 파랑, 보라의 5가지 기본색과 주황, 연두, 청록, 청보라, 붉은 보라의 5가지 중간색을 더해서 10색상으로 구성되어 있다. 그리고 10가지색상을 각기10단계로 분류하여 100색상이 되게 되었다.

그러나 실용 표색계에서는 각각의 색상을 4단계로 분류하여 40색상으로 구성하고 있다. 색상, 명도, 채도의 기호는 H, V, C이며 이것을 표기하는 순서는 HV/C이다. 빨강의 순색을 예로들면 5R4/14로 적고 읽는 방법은 5R(색상) 4(명도)의 14(채도)로 읽는다.

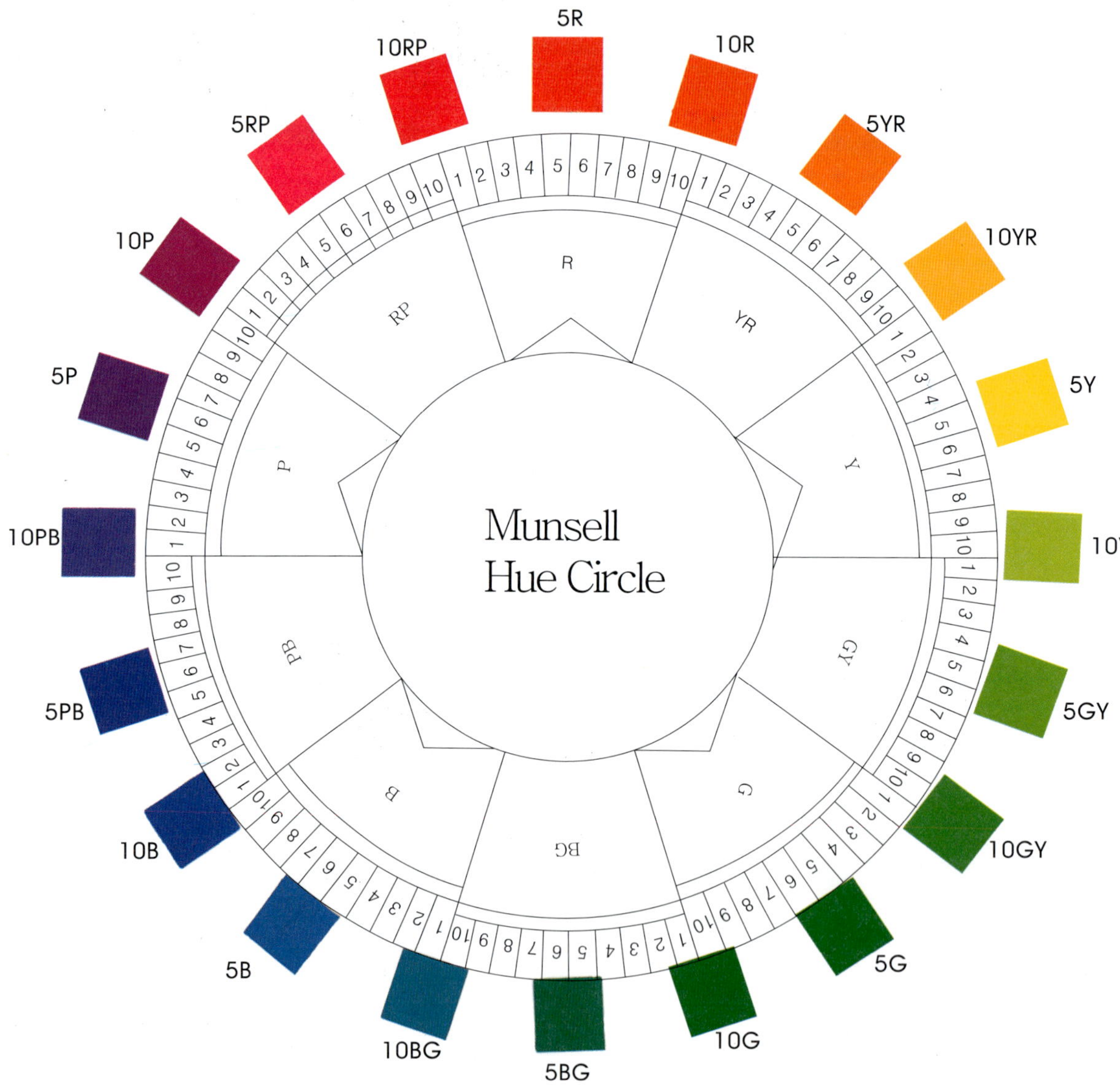

먼셀의 표색계

4) 색의 혼합

(1) 감법혼색(감산혼합)

혼색은 두 개 이상의 색료나 색필터 또는 색광을 혼합하여 다른 색채감각을 일으키는 것을 색의 혼합 또는 혼색이라 한다.

색료의 3원색 청색(Cyan), 자주(Magenta), 노랑(Yellow)을 말하며, 이들 3원색을 여러 가지 비율로 혼합하면, 모든 색상을 만들 수 있다.

반대로 다른 색상을 혼합해서는 이 3원색을 만들 수 없다. 우리가 어떤 물체의 색을 만들기 위해 안료를 혼합하는 과정을 감법혼색이라고 한다. 그 이유는 안료를 혼합하면 할수록 반사되는 빛의 파장은 감소되기 때문이다. 색료의 혼합(그림물감, 인쇄잉크, 염료 등)은 섞을수록 명도가 낮아진다.

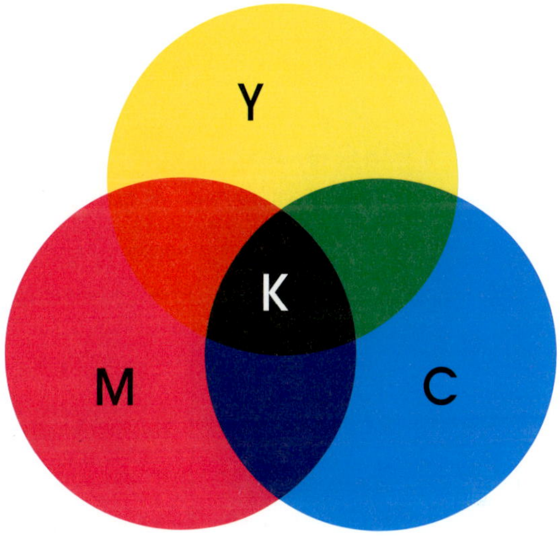

(2) 가법혼색(가산혼합)

가법혼색은 색광(빛)을 혼합함으로써 새로운 색채를 만들어 내는 것으로, 가법혼색의 3원색은 색광의 3원색이라고도 하며, R(빨강), G(녹색), B(파랑)라고 한다.

색광의 혼합은 빛을 가할수록 혼합색이 점점 밝아진다. 이러한 가법혼합은 컬러 인쇄를 할 경우에 색분해에 이용이 되며 스포트라이트나 컬러 텔레비전, 조명 등에 사용된다.

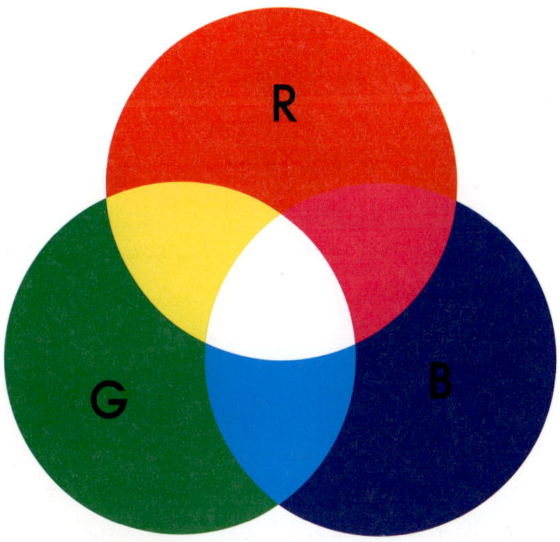

5) 색채의 대비

(1) 명도 대비

명도가 다른 두 색을 대비시켰을 때 서로의 영향으로 밝은 색은 더욱 밝게 느껴지고 어두운 색은 더욱 어둡게 느껴지는 현상이다. 어두운색을 본 다음에 보는 색이나 어두운 색과 함께 있는 밝은 색은 본래보다 더욱 밝아 보이며, 반대로 밝은 색을 본 후에 보는 색이나 밝은 색과 함께 있는 어두운 색은 더욱 어두워 보인다. 어떤 색을 밝게 보이게 하기 위해서는 검정색과 대비시키면 가장 효과적이며, 반대로 흰색을 배경으로 한 색은 가장 어둡게 보인다.

예를 들면, 같은 명도의 회색을 백색바탕과 흑색바탕에 각기 놓았을 때, 백색 바탕속의 회색은 어둡게, 흑색바탕속의 회색은 밝게 보인다. 명도차가 있는 2색 중 밝은 색은 더 밝게 어두운색은 더 어둡게 느끼는 현상이다.

(2) 색상대비

색상환에서 인접하는 두 색을 동시대비 시킬 때 대비의 효과에 의해 그 두 색은 서로 반대방향쪽의 색으로 보여 색상의 차이가 커지게 된다. 예를 들어서 주황과 빨강을 대비시킬 때, 주황이 본래의 색상보다 노랑이 더 많이 혼합된 것처럼 보여 지는 현상이다. 즉 색상 대비는 두 색상의 거리가 가까울 때 일어나는 대비이다. 이와 같이 배색된 색의 3속성의 관계에서 주로 색상에 변화를 주는 대비현상을 색상대비라 한다.

(3) 채도대비

채도 대비란 다른 두색의 영향으로 인해 서로가 가지고 있는 본래의 채도에 변화가 일어나는 현상을 말한다. 즉 옆에 있는 색의 채도가 높으면 해당 색은 채도가 낮아 보이고, 반대로 옆에 있는 색의 채도가 낮으면 해당 색의 채도는 높아 보인다는 것이다.

어떤 채도의 색을 그 색과 동일한 색상의 채도가 높거나 탁한 색 안에 놓으면 기본색보다도 더욱 흐려 보이다. 그러나 반대로 동일한 색을 무채색과 함께 배치하면 본래의 색보다도 더욱 선명하게 보인다.

예를 들어 채도가 높은 노랑을 채도가 낮은 노랑 바탕에 놓았을 경우와 똑같이 채도가 높은 노랑을 채도가 낮은 노랑 바탕에 놓았을 경우를 보면 회색위의 노랑이 더욱 채도가 높고 선명하게 보인다.

6) 색채 배색

(1) 색상 배색

① 동일색상 배색

같은 색상 내에서 채도의 변화를 가지고 배색한다. 배색 이미지는 부드럽고 온화한 느낌을 주며 전체적으로 공통성이 있어 융화감을 얻을 수 있는 배색이다.

② 유사색상 배색(인접색상 배색)

색상환에서 인접한 색상으로 배색을 하는 것으로 자연스럽고 부드러운 느낌, 안정감을 줄 수 있다. 색감이 비슷한 유사색상 배색은 명도나 채도의 차이를 크게 두어 색의 변화를 줄 수 있다.

③ 보색 배색

색상환에서 서로 마주보고 있는 색상으로 배색하는 것으로 강한 대비효과를 나타낼 수 있다. 색의 강한 인상과 함께 화려하고 강렬한 느낌을 줄 수 있으며 강조, 선명, 명쾌한 이미지를 연출할 수 있다.

(2) 톤 배색

① 톤온톤(tone on tone)배색

톤 온 톤이란 톤을 겹친다. 라는 의미로, 그 기본은 동일색상에서 두 가지 톤의 명도차를 비교적 크게 둔 배색이다. 색상은 동일하거나 유사한 범위 내에서 선택하고, 톤은 명도차이가 큰 대조 톤을 이용하면 보다 효과를 낼 수 있다. 까마이외라고도 하며 무난한 느낌을 준다.

② 톤인톤(tone in tone)배색

톤 인 톤 배색은 근사한 톤의 조합에 의한 배색기법으로, 색상의 톤 온 톤 배색과 마찬가지로 동일색상을 원칙으로 하여 인접 또는 유사 색상의 범위 내에서 선택한다. 비슷한 톤끼리의 배색은 자연스럽고 부드러운 이미지를 연출할 수 있다.

(3) 세퍼레이션 배색

세퍼레이션이란, '분리시키다' 또는 '갈라놓다'란 의미, 두 색 또는 다색의 배색에서, 그 관계가 모호하든지 대비가 지나치게 강할 경우에 접하고 있는 색과 색의 사이에 세퍼레이션 컬러(분리색)를 한 가지 삽입하는 것으로 조화를 이루는 기법이다.

7) 색채 이미지

일반적으로 색에는 독특한 심리적 의미가 담겨져 있으며, 어느 정도는 이러한 것들이 인간의 물리적인 행동에도 영향을 미친다고 알려져 있다. 색채 이미지 연출은 색이 지닌 특성과 개개인의 지닌 고유의 색과 성격을 조화롭게 활용하여 미적 효과를 극대화시키고 색이 지닌 이미지를 통해 비언어적 이미지로 메시지 역할로 활용하는 것이 특징이다.

(1) 내츄럴 이미지

자연의 이미지를 그대로 살려 자연이 포용하고 있는 정다움, 온화함 등을 생활 모습에 반영한 것이다. 또한 내츄럴의 이미지는 자연스럽고, 자유로우며, 부드럽고 친근감이 있는 것이어서 훼밀리(Famaily) 감각에 잘 어울린다. 내츄럴 이미지에 어울리는 색상은 베이지, 아이보리 등 YR계를 중심으로 한 소박하고 편안함을 느끼게 하는 컬러가 주조색이 되며 그린의 조화로 자연의 느낌을 더해 준다.

(2) 로맨틱 이미지

일반적으로는 여성다운 부드러움, 우아함, 귀엽고 사랑스러운 이미지로 이 이미지에서 어울리는 색상은 가볍고 감미로운 느낌을 주는 색채그룹의 색상을 중심으로 하며 핑크를 로맨틱이미지의 대표적인 색으로 하고 핑크, 옐로우, 퍼플 등의 색을 주조색으로 페일, 라이트, 브라이트 등을 선택해서 배색하면 온화하고 부드러운 로맨틱 이미지를 더욱 잘 나타낼 수 있다.

(3) 엘레강스 이미지

엘레강스는 사람의 기품을 표현하는 말로서 품위 있는, 우아함, 기품이 있는, 고상함 이라는 의미를 갖고 있다. 이 이미지는 부드럽고 회색빛이 감도는 색조로 연출하면 더욱 효과적일 수 있으며 배색에 있어서 우아한 분위기를 중시하므로 강한 콘트라스트(Contrast)를 주지 않는 즉, 색 대비감이 약한 색상과 은은한 그라데이션톤으로 정리한다.

(4) 클레식 이미지

클래식은 고전적인, 고상한, 전통적인, 보수적인, 고품의 중후한, 깊은 맛 등의 의미가 있다.고전적인 색의 선택은 깊이감이 있는 어두운 색조를 주조색으로 마음에 풍요로움을 주고 따뜻한 인간애를 느끼게 하는, 그러면서도 오랜 세월동안 많은 사람에 의해 그 가치가 인정되는 색상 즉 갈색계통을 중심으로 베이지, 와인골드, 타크 그린 등의 중후한 맛의 색이 좋다.

(5) 모던 이미지

모던은 '현대', '근대적'이라는 의미를 갖고 있으며 도회적 감성, 하이테크(High tech)한 분위기를 기본 바탕으로 진취적이고 개성적이며 선진감각의 이미지를 추구해 가는 것을 뜻한다. 모던한 이미지를 부각시키기 위해서는 일반적으로 차가운 색을 기조로 하여 대담한 색상 대비와 명암대비를 주어 미래 지향적 감각을 느끼게 하는 디자인과 이질적 이미지와의 과감한 조화를 시도하는 독특한 디자인이 선호된다.

(6) 캐쥬얼 이미지

현대인의 자유로운 생활과 결부된다. 격식과 제약에서 벗어난 자유로움, 생동감, 경쾌함, 역동성, 복잡성 등의 캐쥬얼한 이미지의 대표적인 특성을 갖는다. 캐쥬얼한 이미지의 형태적인 표현도 이같이 자유로운 것으로서 비대칭, 다양성, 변화, 직선과 곡선 등이 혼재된 복합성 등으로 나타난다. 캐쥬얼한 색채 이미지는 강렬하고 화려한 톤으로 다양한 색상과 밝은 톤을 사용하여 억제된 느낌없이 감성을 자유롭게 표현한 배색이다. 강한 톤을 사용함으로써 생동감 있는 느낌을 주는데 더욱 효과적이다.

8) 색채 조화의 일반 지식

- 색상의 수를 가능한 줄이면 부조화와 산만한 느낌을 피할 수 있다. 배색 이미지 스케일을 활용하면 알맞은 배색을 결정하는 데 도움이 된다.
- 색을 난색, 한색, 밝은 색, 어두운 색 등의 그룹으로 나누어서 사용하면 통일된 느낌을 줄 수 있다.
- 주제와 배경색이 대비를 이루게 하면 서로 돋보일 수 있다.
- 통일감을 주기 위하여 무채색 등을 공통요소로 사용한다.
- 색의 한색, 난색의 온도감, 경중감 등을 활용한다.
- 색의 3속성인 색상, 명도, 채도의 차이를 크게 하여 주목성을 준다.
- 중성색을 이용한다. 고채도의 색은 주목성은 높으나 다른 색과 반발하기 쉽다. 따라서 주위에 중성색을 배색 하여 중심이 되는 색을 돋보이게 해야 조화를 이룰 수 있다.
- 주위의 환경이나 거리감 등을 고려하면서 배색의 효과를 주어야 한다.

2. 헤어컬러 색상이미지 효과

1) 헤어컬러 색상

기본 색(1차 색)이란 다른 색이 섞이지 않은 순수한 색상으로 빨강. 노랑. 파랑이다. 다른 모든 색들은 1차색의 혼합에 의해 만들어진다.

순색은 색료의 삼원색(시안, 마젠타, 옐로우)과 2색을 섞으면 생기는 색을 말하며 채도가 가장 높다. 헤어 컬러링에서 선명한 색을 넣고 싶을 때, 흐린 색이나 칙칙한 색을 내고 싶지 않을 때, 톤을 바꾸지 않고 색상만 바꾸고 싶을 때 사용하면 효과적이다. 산성컬러나 헤어매니큐어에는 순색이 많이 사용되고 있으나, 중성 컬러나 알칼리 컬러 등은 중간색이 거의 대부분이다.

무채색이란 채도가 없는 색이란 뜻으로 흰색. 검정. 회색을 말한다. 우리는 회색에 가까운 색이면 모두 회색이라 하여 무채색으로 취급하려 하지만 엄밀히 말하면 채도가 낮은 유채색이다. 무채색은 채도가 0인 상태인 것을 말한다. 헤어 컬러링제로 무채색을 찾는 것은 어렵고 색의 느낌을 가지고 있는 경우가 많다.

유채색은 무채색 이외의 색의 느낌이 있는 색을 말하며 명청색은 순색에 하얀색만을 넣어서 생긴 색으로 섞을수록 밝아진다. 암청색은 순색에 검정 색만을 넣어서 만든 색이며 섞을수록 어두워진다. 백발이나 검은 머리카락에 순색을 넣으면 백발에는 순색의 색상 그대로 나오지만 검은 머리에는 그 색상이 가지고 있는 색의 반사 빛으로 보여 진다.

중간색은 유채색에 회색을 섞은 색을 말하며 섞을수록 색은 희미해진다. 은은한 색을 만들고 싶을 때는 원하는 색에 검정이나 회색을 넣어 사용한다.

유사 색은 색상환 배열에서 서로 이웃하며 그 색의 바탕에 공통된 성질을 가지고 있는 색으로서 주황은 붉은 색, 파랑과 청보라는 파랑이라는 공통 요소를 지니고 있다. 유사색 배색은 상대 색의 성격에 손상을 주지 않고 은은한 변화와 자연스럽고 부드러운 느낌을 준다.

동계 색은 적색을 엷게 하면 핑크가 된다. 이 경우에 핑크는 적색의 동계색이라 부른다. 이와 같이 한 가지 색이지만 명도와 채도의 변화를 나타내는 색을 동계 색이라 하며 동계 색끼리의 배색은 무난한 인상을 주며 헤어 컬러디자인의 그라데이션기법에 사용된다.

2) 헤어컬러와 보색

색상환에서 서로 반대 측에 위치한 색끼리는 보색관계의 색이 되고 보색관계의 색 두 가지를 섞으면 갈색이 되며 헤어 컬러에서는 보색을 이용하여 원하지 않는 색조를 조절할 수 있다. 보색관계에 있는 색은 너무 많이 나타난 색을 수정하고자 할 때 가장 중요한 역할을 한다. 따라서 색상환과 보색의 관계를 이해하면 각각의 케이스에 적절히 대응할 수 있으며 특히 수정하고자 할 때 베이스 컬러를 정확히 알아두어야 한다.

예를 들어 머리카락에 붉은 색 계통을 지우고 싶으면 녹색을, 노란 계통을 지우고 싶으면 보라색을, 주황을 지우고 싶으면 파란색을 이용한다.

(1) 붉은색 기미가 남아있는 모발

암갈색의 모발은 붉은기 아니면 노란기가 나타나기 쉽고 붉은기가 나타나면 좀처럼 없어지지 않는다. 이 붉은기는 반대색인 초록색 계열을 더함으로써 수정이 가능하다. 따뜻한 계열의 붉은기는 시간이 지나면 오렌지계로 치우지기 쉽기 때문에 보라색계를 옅게 사용하면 퇴색이 느려진다.

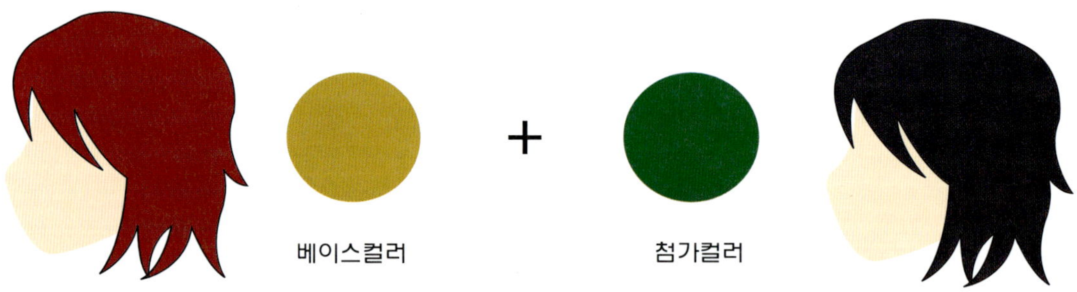

(2) 오렌지색 기미가 남아있는 모발

같은 붉은색이라도 오렌지색이 너무 많이 나타난 경우는 반대색인 파란색계를 첨가한다. 오렌지색이 적게 나타난 경우는 파란색계 외에 노란색계를 조금 추가하면 차분한 애쉬계의 브라운이 된다.

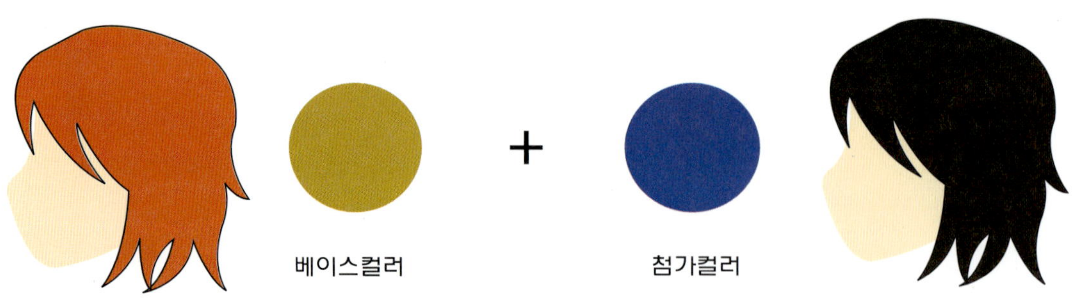

(3) 노란색 기미가 남아있는 모발

블리치를 너무 심하게 하면 노란색계로 치우치게 된다. 반대색인 파란색, 보라색을 추가하면 뉴트럴 브라운계로 수정할 수 있지만 모발이 너무 많이 상해서 색이 빠지기 쉬운 경우에는 2~3회 반복하여 수정할 필요가 있다.

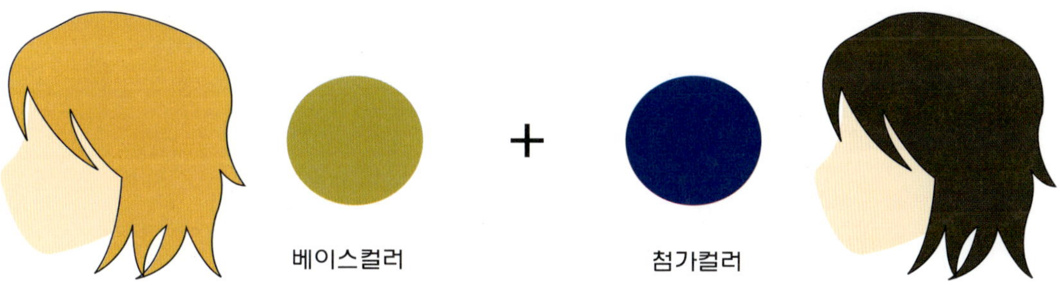

(4) 초록색 기미가 남아있는 모발

수회 블리치를 반복한 경우 노란색계에 초록색 기미를 느낄 수 있다. 이 경우 파란색, 보라색계를 첨가하는 것만으로는 수정이 곤란하다. 파란색. 보라색계에 붉은색계의 컬러를 조금 첨가하면 초록색을 컨트롤 할 수 있다.

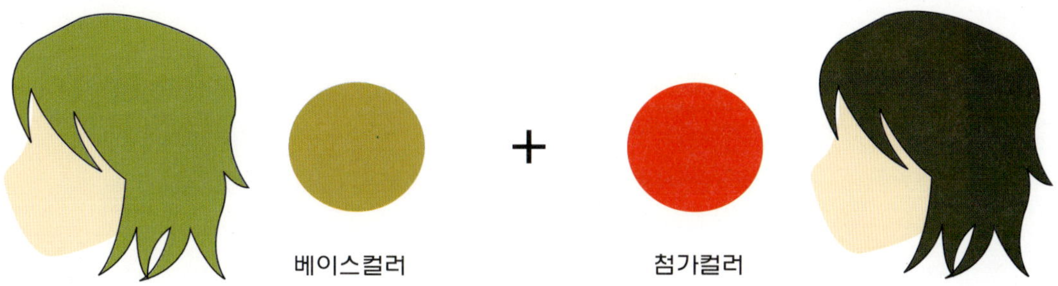

3) 헤어컬러 색상의 반사 빛

색은 빛이라는 광선의 움직임에 의해 생기는 것으로서 때론 모발이 햇빛에 노출되는 각도에 따라 그 색상이 다양하게 변화기도 한다. 이는 햇빛이 모발에 있는 자연색소의 활동을 억제하거나 그 기능을 못하게 함으로써 모발의 색상을 드러내 주기 때문이라고 생각한다.

햇빛으로 인해 모발 색상이 더 환하게 밝아진 것은 산화작용을 통하여 색소가 표백되었거나 어떠한 색소를 모발 속에 넣어 줌으로써 나타나는 결과이다. 모발 속에 멜라닌(Melanin)은 모피질(Cortex)에서 발견되는 색소로서 멜라닌(Melanin)의 크기, 양, 그리고 분포에 있어서 무수한 결합 가능성이 있으므로 모발 자연 색을 만들어내는데 일조한다. 따라서 이러한 멜라닌 입자들은 빛을 선택하여 흡수하거나 반사시킴으로써 여러 가지 모발 색을 발현시킨다.

그러므로 자연 기본 모발 색에서 원하는 색의 밝기와 색상은 제품선택과 마지막 염색결과에 영향을 주므로 고객의 자연적인 기본 모발 색의 밝기를 평가할 때 모발이 가진 뉘앙스와 반사 빛의 색감을 볼 수 있어야 한다.

헤어컬러 색상의 반사빛

따뜻한 반사빛	
금빛	노랑
따뜻한 구리빛	노랑+약간의 오렌지
밝은 구리빛	노랑+노랑기운의 오렌지
어두운 구리빛	노랑+오렌지 기운의 강한 오렌지
적빛	오렌지+약간의 빨강
밝은 적자빛	빨강+빨강 기운의 오렌지
적보라	자주빛 빨강+ 보라(파랑+빨강)
차가운 반사빛	
주황빛 잿빛	파랑+약간의 빨강
무지개 빛	보라(파랑+빨강)
회색	파랑(매우 밝은 상태위에 도포)
잿빛	파랑
은회색	파랑+소량의 빨강(매우 밝은 모발 상태에서 도포)

4) 헤어컬러 톤(Tone) 이미지 효과

톤은 명암, 농암, 강약 등의 색 조화이며 누구나 여기에 익숙하게 되면 일상에서 감각을 지니게 된다. 톤 배색은 명도와 채도에 따라 그 특성이 결정되는데, 특히 톤 감각에서는 명도와 관련이 깊다. 주파장에 의해 지각되는 순도의 색상이 밝고 어두운 반응률과 함께 색조(色調)로 지각되는 것 그리고 회화의 경우 여러 개의 색채가 모여서 명암이나 농담의 일정한 계조 상태, 색채용어로는 컬러 톤, 즉 색조(the tone of color)라 하여 명도와 채도를 같이 포함한다. 사람들은 톤을 지각하면서도 그것이 톤이란 사실을 잘 알지 못한다. 톤은 느낌이며, 이미지, 분위기이기 때문에 현상적으로 설명하며 전달되는 과정에서 애매모호해지거나 그 자체의 오리지널리티(originality)가 변질되기 쉽다. 일반적으로 밝은 톤은 명랑함, 어두운 톤은 우울한 느낌을 주며 때로 빛이 밝으냐 어두우냐는 무게감의 결정에 영향을 끼치기도 한다.

하나의 색상 가운데 여러 가지 색조를 10가지 범위로 분류하여 화려한 톤으로는 비비드(v), 밝은 톤으로는 브라이트(b), 페일(p), 라이트(lt), 차분한 톤으로는 라이트 그레이쉬(ltg), 그레이쉬(g), 덜(d), 어두운 톤으로는 딥(dp), 다크(dk), 다크 그레이쉬(dkg) 등으로 나타낼 수가 있다.

따라서 헤어컬러의 질감은 톤으로 결정된다. 예를 들면 하이 블리치는 페일(p) 톤 정도로 분류하고, 어두운 색은 다크(dk) 톤, 애쉬계, 매트계는 덜(d) 톤, 라이트 그레이쉬(ltg) 톤, 그레이쉬(g) 톤, 다크 그레이쉬(dkg) 톤 등으로 분류 할 수 있다.

실제의 헤어컬러 상태에서는 특히 채도를 확실히 구분하는 것은 어렵고 색상만큼 톤의 차이가 나타나지 않는다. 선명함은 오히려 광택감, 윤기감이라고 생각하는 것이 바람직하다.

톤에 따른 이미지

톤(약호)	이미지	
화려한 톤	vivid(v) – 선명한	선명하고 활동적임, 주목성이 크고 자극성 메시지에 효과적 활용.
	strong(s) – 강한	v톤보다 선명함이 낮고 탁색 기미 갖음, 강하고 화려한 이미지.
밝은 톤	bright(b) – 밝은	맑고 밝은 색, v톤의 이미지를 지님, 밝게 빛나는 이미지, 밝고 선명한 톤.
	light(lt) – 옅은	파스텔 톤으로 여성스럽고 감미로움, 가볍고 부드러운 이미지.
	pale(p) – 엷은	유채색 중 가장 밝은 톤, 따뜻하고 감미로우며 섬세한 이미지. 부드럽고 가벼운 이미지
차분한 톤	soft(s) – 부드러운	부드럽고 자연스러우며, 편안한 이미지.
	dull(d) – 둔한	차분하고 가라앉은 둔한 이미지, 편안한 이미지.
	light grayish(ltg) – 밝은 잿빛의	흐릿한 이미지, 소박하고 정적인 이미지로 지루함 지님.
	grayish(g) – 잿빛의	칙칙하고 둔하게 보임, 정적이고 침착하여 신뢰감을 지님.
어두운 톤	deep(dp) – 진한	침착하고 깊이감 지님, 중후하고 고풍스런 이미지.
	dark(dk) – 어두운	어둡고 무게감이 느껴짐. 강하며 남성적인 이미지, 공간이 축소되어 보임.
	dark graysh(dkg) – 어두운 잿빛의	중후하고 엄숙하여 미묘한 신비감을 지닌 톤. 남성적인 이미지.

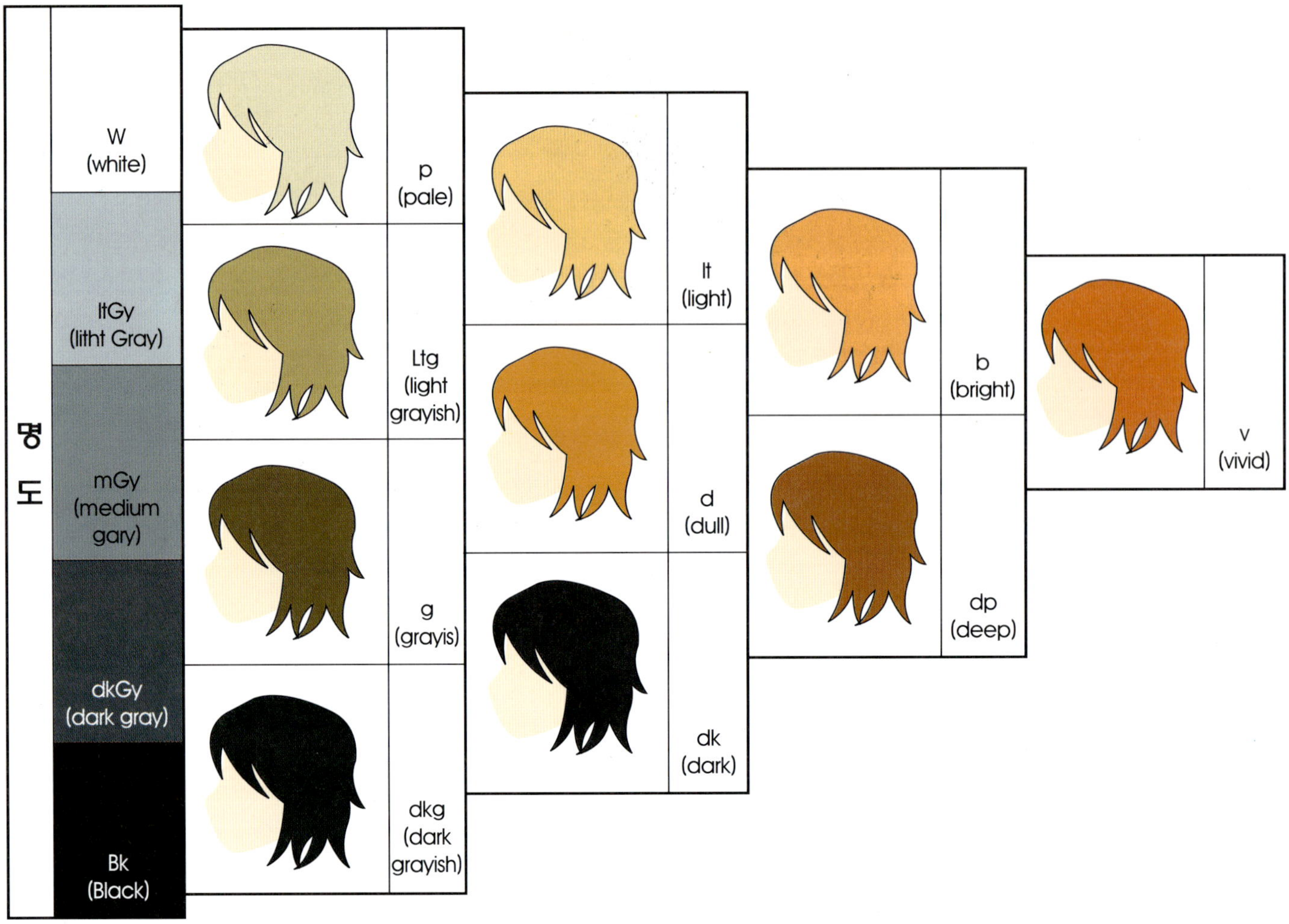

헤어컬러 톤 분류

3. 피부색과 헤어컬러

1) 피부색

인간의 피부는 헤모글로빈(레드), 카로틴(옐로우), 멜라닌(브라운)이라는 색소를 가지고 있어 각각의 색소가 피부 중에 얼마나 존재하는가에 따라 그 사람의 피부색이 결정되어지는데 그 중에서도 멜라닌 색소가 피부색 결정에 가장 주된 역할을 하고 있다. 인종의 피부색을 좌우하는 멜라닌 세포의 숫자는 비슷한 것으로 밝혀졌다. 따라서 인종을 구분하는 가장 특징적인 요소인 피부색은 멜라닌 입자의 크기와 그 입자가 떨어져 나갈 때의 진행과정으로 결정된다.

또한 피부색을 형성하는데 색소 외에 영향을 미치는 것은 피부의 두께도 포함된다. 피부의 두께가 얇으면 얇을수록 또는 투명할수록 붉게 보이고 상피층이나 각질층이 두꺼울수록 옐로우 컬러로 보이는 현상이 있다. 이와 함께 유전적 요인이나 외부요인으로 환경이나 기후조건 등에도 영향을 받는다.

2) 헤어컬러

헤어컬러의 역사는 아주 오래전 고대문명으로부터 시작되었으며, 약 3300년 전 고대 이집트의 공주가 헤나를 사용하여 헤어 염색을 한 것이 최초로 기록되어 있다. 우리나라에서는 1970년대 말 펑크스타일의 유행과 함께 핑크, 레드, 오렌지 그리고 예로우 등의 대담한 원색의 컬러가 사용되었고 1980년대에는 다양한 컬러 테크닉이 전개되면서 헤어 컬러링은 헤어 패션의 하나로 자리 잡게 되었다. 1990년대에 이르러 개인의 개성과 독창성을 중요시하는 경향이 일반화 되면서 유행 컬러의 염색과 개성표현에 중점을 둔 염색이 공존하게 되었으며 헤어컬러에 대한 일반적인 관심도 급상하게 되었다.

따라서 헤어 컬러는 블랙이어야 한다는 고정관념은 사라지고 현재는 원색의 오렌지, 와인, 레드, 골드뿐만 아니라, 무채색의 화이트에서 그레이까지 헤어컬러가 대중화되고 보편화 된 시대에 살고 있다. 즉 헤어컬러는 의상과 메이크업, 헤어스타일과 함께 자신만의 이미지와 분위기를 연출하는 토탈 패션의 한 장르가 된 것이다.

4. 피부색과 헤어컬러의 조화

1) 브라운 컬러의 피부

동양인은 대부분 옐로우를 띤 피부에 브라운 컬러를 함께 지니고 있으며 혈색이 없어 보이는 것이 특징으로 계절컬러로 분류를 하자면 가을에 포함된다. 브라운은 탁한 색과 배색하면 구식으로 느껴진다. 특히 브라운과 그레이와의 배색은 피하는 것이 현명한데 이 둘을 배색할 경우 지루하며 유행에 뒤쳐진 느낌까지 들 수 있다.

또한 블랙과의 배색도 편협함과 무거움 등의 부정적인 이미지를 나타낸 수 있으니 주의하는 것이 좋다. 브라운은 원래 어울리는 컬러를 찾기 어려우므로 특별히 몇 가지 컬러를 지정하는 것보다는 전체적인 톤으로 구분하는 것이 더 효과적이다. 즉 피부가 브라운 컬러에 속하는 경우 헤어는 중간 톤이나 어두운 톤이 어울리며 지나치게 밝게 연출하는 것은 오히려 피하는 것이 좋다.

브라운피부와 어울리는 컬러

2) 옐로우 컬러의 피부

이 피부색은 온화하고 부드러운 것이 특징이며, 따뜻하고 노르스름한 톤을 지니고 있다. 여러 피부타입 중 가장 섬세하고 연한 컬러로 비교적 피부색이 투명하면서 밝은 톤을 유지한다. 맑고 투명한 아이보리와 베이지가 혼합된 옐로우 컬러를 띠는 피부로 볼 부분에 복숭아 빛의 붉은 톤의 혈색을 지니기도 한다. 옐로우는 오렌지와 레드 등 붉은 컬러와 배색되면 유쾌한 느낌을 주고 바이올렛과 배색 될 경우 활동적이고 유동적인 이미지를 준다. 그러나 옐로우와 그레이, 핑크가 결합되면 시기와 질투를 느끼게 하고 특히 그레이와의 배색은 불안한 느낌을 강하게 준다. 따라서 옐로우 컬러의 피부와 오렌지와 붉은 기미가 가미된 브라운 등 밝고 경쾌한 느낌의 헤어컬러가 잘 어울리는데 이처럼 같은 브라운 컬러라도 붉은 계열을 선택하는 것이 얼굴빛을 더욱 화사하게 보이게 하는 역할을 한다. 즉 옐로우컬러의 피부와 따뜻하고 밝은 계열의 헤어컬러는 전체적으로 사람의 인상을 건강하게 바꾸어 준다. 또한 활동적이고 적극적인 인상을 주고 싶으면 바이올렛으로 염색하는 것이 좋다.

옐로우 컬러의 피부에서 피해야 하는 헤어컬러로는 그레이브라운, 그레이, 핑크 등으로 이러한 컬러로 염색한 경우 불안정한 인상을 풍긴다.

옐로우 피부와 어울리는 컬러

3) 로즈베이지 컬러의 피부

차가우면서 붉으스름한 톤을 지니고 있으며 로즈 베이지 계열 또는 핑크 베이지 계열의 컬러를 지닌 약간 붉은 톤의 피부이다. 동양인의 경우 옐로 베이지 컬러에 붉은 색소가 더해지면 브라운으로 보여 브라운컬러의 피부로 혼동을 일으키기도 한다. 서양인의 경우는 화이트 컬러의 피부에 핑크 톤이 도은 것이 분명하게 보이기에 쉽게 구분이 가능하며 유난히 붉은 색소가 선명하게 느껴진다. 로즈톤과 핑크가 배색되면 순수하게 보이고 바이올렛과 배색되면 유혹적으로 느껴진다. 그린과 배색되면 차분하고 상쾌하며 부드럽고 온화한 느낌을 준다. 블랙과 배색되면 부정적인 느낌을 주며 공격적이고 폭력적이 된다.

로즈 베이지 컬러의 피부에 헤어컬러는 비교적 내츄럴한 톤이 잘 어울리며 로즈 톤을 커버할 수 있는 헤어컬러를 선택하는 것이 바람직하다. 그린이나 바이올렛 등의 차가운 느낌의 컬러는 붉은 얼굴을 커버해 세련된 느낌을 줄 수 있으며 특히 그린은 침착하고 차분한 분위기를 연출하고 바이올렛은 매력적인 인상을 심어준다. 그러나 블랙, 레드 브라운 등은 피하는 것이 좋다.

로즈베이지피부와 어울리는 컬러

4) 아이보리 컬러의 피부

아이보리 컬러의 피부는 투명하면서 푸르스름한 톤을 지니고 있는 피부와 연한 핑크 톤의 투명한 피부로 분류되면서 전체적으로 건조한 느낌이 들고 얼굴윤곽이 뚜렷할 경우 날카로운 이미지를 갖는다. 컬러의 배색에서 아이보리가 블루와 배색되면 이상적이고 고귀한 느낌이 들고 그레이와 배색되면 객관적이면서 겸손한 이미지를 가지는 등 긍정적인 이미지를 표현하나 아이보리와 예로우가 배색되면 가볍고 핑크와 배색되면 유아적인 느낌이 들어 부정적인 이미지를 준다.

아이보리 컬러의 피부와 어울리는 컬러는 무채색이나 채도가 높은 순색이지만 무엇보다도 아이보리 컬러를 돋보이게 하는 헤어컬러는 블루블랙과 그레이이다. 블루블랙은 세련되고 고귀한 인상을 갖게 해주고 그레이는 차분하고 침착하며 겸손한 느낌의 인상을 풍기게 하는 역할을 한다. 그밖에도 그레이 브라운이나 다크 브라운은 사랑스러운 인상을, 퍼플, 와인 등은 청순한 이미지를 준다. 그러나 아이보리컬러의 피부에 옐로우나 핑크의 헤어컬러를 염색할 경우 유치하거나 가벼운 인상을 가질 수 있으므로 주의하는 것이 좋다.

아이보리피부와 어울리는 컬러

III

염색 이론

1. 염색의 원리

1) 일시적 염색의 원리

① 색소(Pigment)에 수지(resin)를 혼합하여 만들어진 제품.
② 색소입자가 커서 모발내부로 들어가지 못함
③ 수지의 접착능력으로 색소가 모표피층 사이 사이에 일시적으로 부착

2) 반영구적 · 준영구적 염색의 원리

① 모발의 케라틴 단백질은 산 · 염기에 전부 반응하는 양성물질
② 염착 : 아미노기($-NH_3^+$) + 산성 염료($-SO_3H$, $-COOH$)
카르복실기($-COO^-$) + 염기성 염료($-NH_2$)
③ 염기성 염료 쪽이 결합하기 쉽고 염착력이 더 강함
④ 분류 : 산성 반영구적 염색, 약알칼리성 반영구적 염색(준영구적 염색)

(1) 산성 반영구적 염색 원리

① 이온결합의 원리
② 심하게 손상된 모발을 산성처리(H^+)하여 양이온으로 하전하여 음이온을 띤 산성 염료($-SO_3H$, $-COOH$)를 도포하여 이온결합
③ 산성 반영구적 염색제는 산성을 띠고 있으므로 큐티클층이 수축되어 모발 깊숙이 침투하기 어렵지만 모발손상이 거의 없음
④ 착색효과 : 프레산성린스와 가온(40~50℃)하는 방법 사용
⑤ 산성염료는 pH 3 상태로 만들어 컬러 린스제로 사용
⑥ 모표피를 수축시키고 모발에 트리트먼트 성분을 흡착시킴으로 모발의 윤기와 감촉을 좋게함

(2) 준영구적 염색(약알칼리성 반영구적 염색)

① Nitro계통 염료 사용 : nitro aminophenol(red)
nitor phenylendiamin(yellow)
tetra-amino andraquenon(blue)
② 산성 염료보다 착색효과가 크다.
③ pH 8~9의 약알칼리성을 띠고 있어서 모표피를 열어주고 색소가 모피질 내로 침투하여 모발의 수소결합 염착
④ 오랜 역사를 가지고 있으며 저렴하고 색상이 좋은 염료
⑤ 중성과 알칼리성 상태에서 염색, 일광에 약함
⑥ 샴푸제를 첨가하여 컬러 샴푸로 사용

3) 영구적 염색의 원리

(1) 영구적 염색제의 주성분

① 제1제의 주성분 : 염료(무색), 알칼리제(pH 9~10), 산화방지제
② 제2제의 주성분 : 과산화수소(H_2O_2)

(2) 영구적 염색의 3단계

① 침투 : 알칼리제의 작용으로 모표피가 열리고 염료와 H_2O_2 침투
② 산화 : 산소형성 및 멜라닌 산화 → 모피질의 melanin → oxymelanin(무색)
③ 착색 : H_2O_2의 산소가 모피질에 침투된 무색의 염료와 산화중합반응하여 유색의 큰 입자를 형성 → 모피질에 영구적 착색

4) 색료의 분류

(1) 안 료

① 염료에 비해 불투명
② 모발에 피막을 입힘
③ 용매에 잘 용해되지 않음
④ 모발 조직속에 침투시킬 수 없음
⑤ 모발침투력은 없으나 표면을 피복할 수 있기 때문에 모발의 색에 관계없이 착색 가능
⑥ 컬러 크레용, 컬러 스프레이, 컬러 무스

(2) 염 료

① 물이나 기름에 녹아 섬유나 모발 분자에 결합하여 착색
② 모발 조직속에 침투 가능
③ 영구적 염색제로 많이 사용

염료제의 분류

분 류	산성 염료	염기성 염료	산화 염료
구 성	염료분자중에 산성기를 가짐(COO^-)	염료분자 중에 염기성기를 가짐 예 : $-NH_3^+$	파라페닐렌디아민 및 동 종류의 아미노화합물+산화제
염착원리	모발을 형성하는 아미노산의 $-NH_2$	모발을 형성하는 아미노산의 $-COOH$와 염기 결합함	1. 멜라닌의 탈색 2. 색소의 산화중합 발색 3. 디아민 결합 발색
특 징	불안정한 염색 40~55℃로 사용	조금 불안정한 염색 40~50℃로 사용	안정한 염색 상온에서 사용

5) 산화 염색제의 성분과 특성

(1) 염료중간체

① 종 류

· Para-phenylenediaminne
· Para-aminophenol
· Para-toluen

② 특 성

· 방향족 아미노화합물
· 제2제에 의해 산화된 후 유색의 색소
· 분자의 크기가 작으므로 모피질까지 침투

(2) 염료수정제

① 종 류

· Lezolution
· Hydroquinon
· Meta-aminophenol
· Meta-phenylendiamine

② 특 성

· 염료중간체와 반응하여 색의 농도를 진하게 하는 등 색상을 다양하게 변화
· 분자의 크기가 작으므로 모피질까지 침투

(3) 산화방지제

① 종 류

· 아유산소다

② 특 성

· 산화염료의 보존성을 높임
· 산화염료와 산화제의 혼합 후 너무 빠르게 산화되지 않도록 조절

(4) 알칼리제

① 종 류

· Ammonia
· Monoethanolamine

② 특 성

· 모표피를 팽창시켜 약제의 침투를 좋게 함
· 산화제인 과산화수소수의 반응을 활성화시켜 산소발생을 촉진
· 염색제의 pH를 조절

(5) 계면활성제

① 종 류

· 고급지방산염

② 특 성

· 염료중간체와 염료수정제의 침투를 촉진

(6) 산화제

① 종 류

· 과산화수소수
· 과산화요수
· 과붕산나트륨

② 특 성

· 물과 산소로 쉽게 분리
· 암모니아에 의해 산소발생 촉진
· 모발내의 멜라닌 색소를 분해하여 모발을 탈색(oxymelanine)
· 염료중간체와 염료수정제의 반응을 도움

6) 산화제의 종류와 특징

(1) 과산화수소(H_2O_2) 농도에 따른 모발의 변화

구 분	3%(10volume)	6%(20volume)	9%(30volume)
종류	크림타입, 액상타입, 정재타입		
산화제	염모제(1제)와 혼합하여 사용하는 것으로 발색과 탈색의 기능을 가지고 있음		
손상도	적다	보통	많다
탈색력	적다	보통	많다
장점	색감도 좋고, 모발의 손상도 적다	발색과 탈색력이 적당하여 일반적인 산화제	탈색력이 빨라서 시술시간을 단축시킬 수 있다.
대상모	손상모, 극손상모	모든 모발	건강모, 보통모
시술조건	· 톤다운 · 흰머리 염색 · 색감을 좋게할 때 · 모발손상이 적은 염색을 원할 경우	· 톤다운, 톤업 · 멋내기 염색 · 흰머리 염색 · 밝은 컬러를 원할 경우	· 밝은 컬러를 원할 경우 · 시술시간을 단축 시킬때 · 멋내기 염색
레벨 업	자기 본래의 색감을 잘 나타낸다	1~2단계 올려줌	3~4단계 올려줌

(2) 과산화수소(H_2O_2) 농도에 따른 시술용도

%	volume	모발 사용 여부	백모커버	멋내기
3	10	가능	용이	불가능
6	20	가능	용이	용이
9	30	가능	저하	용이
12	40	가능	불가능	발색저하
15	50	불가능	불가능	완전탈색
18	60	불가능	불가능	완전탈색

우리나라에서는 과산화수소의 사용농도를 6% 20volume 이하로 제한

7) 알칼리제의 특성

(1) 암모니아

① 향 : 강함
② 작용시간 : 빠르다
③ 휘발성 : 휘발성
④ 모발잔류 : 없음

(2) 모노에탄올아민

① 향 : 거의 없음
② 작용시간 : 느리다
③ 휘발성 : 불휘발성
④ 모발잔류 : 있음

8) 탈색제의 종류

① 분말타입 : 빠른 속도로 탈색할 수 있다.
② 크림타입 : 시술하기가 편리하며 시술시간 차에 의해 색상차가 적다.
③ 오일타입 : 모발손상이 적은 대신 탈색속도가 느리다.

블리치제의 역할

① 자연모를 인위적으로 밝게 하는 작용을 한다.
② 탈색제를 도포하면 암모니아는 모발을 부풀게하고 과산화수소와 황산염이 작용하여 산소를 방출해 산화를 일으켜 멜라닌을 분해하여 색상의 변화를 가져온다.
③ 산소는 멜라닌은 산화시키는데 입자형색소는 분자형색소보다 민감하여 먼저 제거된다.
④ 탈색이 진행되면서 모발의 명도가 올라간다, 농도를 높이거나 탈색을 반복하면 더욱 모발 색상이 밝아진다. 탈색의 조건은 모질, 모발의 본래색상, 작용시간, 산화제의 농도, 도포량, 온도에 따라서 달라진다.

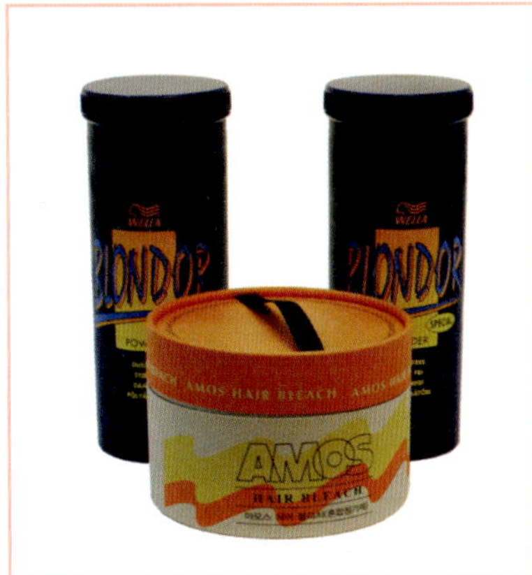

9) 염색시 열에너지의 영향

① 염료분자의 활성
② 모발 케라틴과의 친화력을 높임
③ 과도한 열처리 : 염색시간은 단축, 염료분자가 크게 되어 모발표면에 많이 염착, 내부염착이 적어짐
④ 저온에 염색 : 염색시간이 길어짐, 염색의 효과가 적어짐, 염료분자가 작기때문에 모발 내부까지 염색
⑤ 모발 손상을 예방하기 위해 50℃이내 온도에서 염색
⑥ 과산화수소의 강도를 이해하는 것은 중요하다. 어둡게 염색하고자 할때나 모발이 이미 퇴색되어 멜라닌 색소를 제거하고 싶지 않을 때 탈색작용이 적은 3%를 써서 모발의 손상을 줄일 수 있다.
2제 : 과산화수소, 안정화제, 모발보호제, 금속이온봉쇄제, 향, 물, pH 조절제

2. 염모제의 지속기간별 분류

1) 일시적 염색(Temporary hair coloring)

(1) 지속기간

① 일시적, 일회의 샴푸로 지워짐
② pH의 세기가 강할 경우 샴푸로 제거

(2) 제품타입

컬러 스프레이, 컬러무스, 컬러 샴푸, 컬러 린스, 컬러 젤, 컬러 파우더

(3) 주용도

① 순간적 백모 커버
② 패션룩 연출, 지루한 모발색을 약간 밝게 함
③ 퇴색한 모발을 일시적 커버
④ 반영구, 영구적 염색 후 색을 오랫동안 유지하고 싶을 때
⑤ 색을 교정할 때

(4) 장 점

① 모발의 손상 없음
② 모발에 색상의 변화를 주기가 쉬움
③ 다양하고 특이한 색상을 낼 수 있음
④ 사용방법이 간편

(5) 단 점

① 컬러 스프레이 또는 컬러 무스를 사용할 경우 건조 후에 모발이 딱딱해짐
② 마찰에 의해 색소가 떨어질 수 있음
③ 땀 또는 수분에 의해 지워질 수 있음

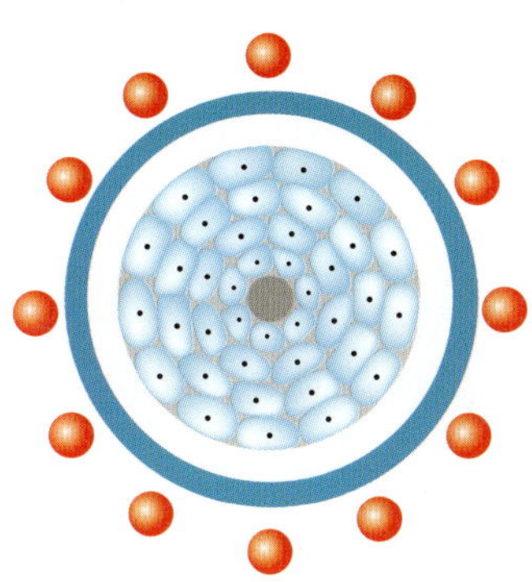

2) 반영구적 염색(Semi-Permanent coloring)

(1) 지속기간

① 보통 2~4주간 지속
② 샴푸 횟수가 잦을수록 지속기간이 짧아짐

(2) 제품타입

크림타입, 액체타입, 반영구적 염색제가 함유된 샴푸류

(3) 주용도

① 모발의 색이나 윤기를 부여
② 염색후 2~4주 정도 지나면서 염색제가 자연히 제거
③ 모발색을 어둡게 하거나 30% 정도의 백모 커버시
④ 컬러 체인지를 할때 보정색으로 사용

(4) 장 점

① 탈색과 병행하여 원색적인 색과 다양한 색상을 낼 수 있다.
② 시술시 두피 온도차에 의한 영향을 받지 않으므로 시술시간에 제약이 적다.
③ 본래의 모발색을 변화시키지 않으면서 윤기를 주고 다공성 모발의 손상된 부분을 일정기간 메울 수 있다.
④ 두피와 피부이상을 일으키지 않는다.

(5) 단 점

① 장기간 반복하여 염색할 경우 모발이 뻣뻣해진다.
② 색상 차이에 위한 명도 이외에 모발의 명도를 높이지 못한다.
③ 어두운 모발을 밝고 선명한 색으로 염색하기가 어렵다.
④ 피부에 염색제가 묻으면 잘 지워지지 않는다.

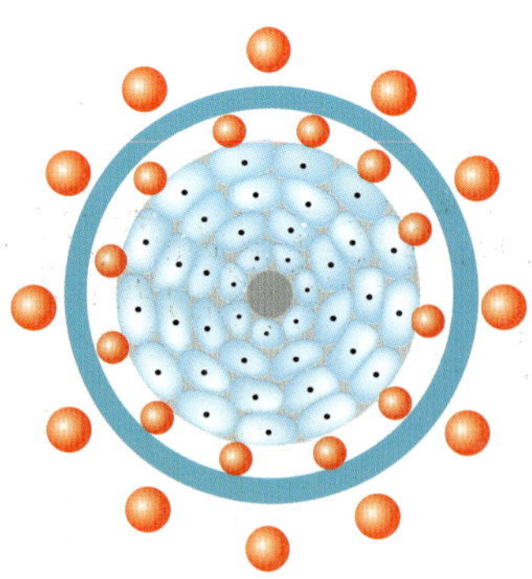

3) 영구적 염색(Permanent coloring)

(1) 지속기간

영구적이나 모발의 손상도가 클수록 빨리 퇴색

(2) 제품타입

크림타입, 액체타입, 분말타입

(3) 주용도

① 모발색을 바꿀때
② 밝게 또는 어둡게 염색하고 싶을 때
③ 백모를 완전히 커버할 때
④ 염색 후 지속기간이 영구적이기를 원할 때

(4) 장 점

① 탈색 및 착색의 효과가 있으므로 모든 브리치 레벨과 여러가지 색을 만들어 낼 수 있다.
② 100% 백모 커버가 가능하다.

(5) 단 점

① 모발의 손상이 크다.
② 시술시 두피 온도차에 의한 영향을 받으므로 얼룩이 생길 염려가 있다.
③ 시술시간에 제약이 따른다.
④ 알러지 반응을 일으킬 수 있다.

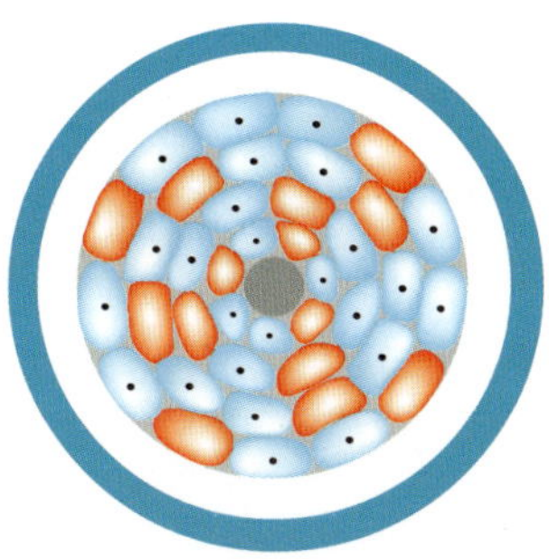

3. 염모제의 특성에 따른 분류

1) 식물성 염모제

① 식물의 꽃, 열매 등의 색소(헤나)
② 식물성 염모제가 모피질 안에 축적
③ 퍼머넌트 웨이브제와 산화 염색제의 침투가 어려워짐

헤 나

이집트 원산의 'lawsoshia(로솔시아)'라는 식물의 잎에서 추출한 컬러제로 분말상태의 것을 물이나 기타 다른 약품에 섞어서 도포한다. 허브의 일종으로 인도에서는 '마헨디'라고 부른다. 탈색작용은 없고 모발 내부에 침투하여 색소를 첨가시킨다.

백모에만 스며 들어가므로 흑모에는 효과가 없다.

네츄럴 헤나, 블랙 헤나가 있으며, 네츄럴 헤나는 붉은색을 띤 오렌지 레드 헤나와 붉은색을 띤 브라운 헤나가 있다. 블랙 헤나는 철분 성분을 많이 함유하고 있어 발색작용은 없다. 네츄럴 헤나와 블랙 헤나의 배합으로 오렌지부터 브라운까지의 톤조절이 가능하나 완전한 컬러배합은 무리이다.

2) 금속성 염모제

① 납, 철, 카드뮴, 비스마스, 동 등을 기초로 한 염색제
② 모발 내 금속 성분이 축적
③ 모발에 피막을 입힘
④ 펌제를 비롯한 화학제를 허용할 경우 금속성분과 화학제가 반응함으로 인해 열이 발생하면 모발 손상을 가속화

3) 유기 합성 염모제

① 유기 합성으로 제조한 염료
② 산성염료, 염기성염료, 산화염료로 분류
③ 산성, 염기성염료 : 컬러 린스, 컬러 샴푸, 컬러 젤, 컬러 크림 형태로 사용
④ 산화염료 : 염료 중간체, 염료 수정제, 산화 방지제, 알칼리제, 계면활성제 등을 포함, 영구 염색제로 사용
알칼리제를 주성분으로 한 제1제와 과산화수소 등의 산화제를 주성분으로 한 2제로 나뉨. 1제와 2제를 혼합하여 사용.

4. 염색의 시술순서

(1) 고객과의 상담

원하는 컬러와 얼굴의 톤과 이전의 모발의 상태는 어떠했는지를 상담한다.
염색, 코팅, 퍼머넌트를 시술했는지를 물어 보면서 모발진단을 한다(시진, 문진, 검진, 촉진).

(2) 패치 테스트

2제식의 염색제는 부작용(반점가려움)을 일으킬 수 있으므로 고객의 알레르기 과민성 여부를 확인하기 위해 염색 48시간 전에 피부에 테스트하여 본다. 팔안쪽의 부드러운곳에 사용할 컬러제를 동전크기로 도포하고 48시간 후에 반응을 살핀다. 반접, 부어오름, 가려움, 수포 등의 반응이 있다면 그 고객은 그 컬러제에 알레르기가 있는것이므로 사용하면 안된다. 또한 두피에 상처가 있거나 고객의 컨디션이 좋지 않을때는 시술을 피하는 것이 좋다. 컬러링때 문제가 없었더라도 다시 알레르기 반응을 보일 수 있으므로 매번 패치 테스트를 해야 한다.

(3) 색의 선정에 맞추어 약제 혼합

자연모 레벨과 블리치 레벨을 이용하여 고객이 원하는 색깔이 나오는지 파악하여 염모제를 선택하고, 염모제는 사용 직전에 혼합하여 사용하여야 산화를 막는다.

(4) 약제를 도포하기 편한 상태로 브록킹

(5) 약액도포

(6) 시술과정 시간(process time)

방치시간에는 가온방치와 상온방치가 있다. 컬러링은 두피의 온도차에 의해 색감이 들어가는 상태가 다르므로 모발 전체에 균일하게 열을 전달해 주어야(온도가 올라갈수록 컬러링의 효과는 높아진다) 컬러제 도포 후 일정시간을 방치해 두는데 이미 도포한 직후부터 화학변화는 시작된다. 따라서 염색이 빠른부분과 느린부분을 사전에 고려하여 시술하지 않으면 완성 후 얼룩이 생긴다. 테스트시 컬러링 상태가 좋지 않으면 새로 컬러링제를 도포한다.

(7) 컬러 테스트

컬러제를 도포하고 방치시간 경과 후 세정할 때까지 중간에 부분적으로 머리 다발을 빼내 컬러제를 잘 닦아준 후 컬러링 상태를 체크하는 것이다. 체크할 머리 다발의 컬러제를 타올이나 티슈로 완전히 닦아낸 후 테스트 한다. 컬러제가 머리에 묻어 있으면 약제의 영향으로 확실한 컬러 파악이 어렵다. 원하는 컬러가 나왔는지는 옆의 검은 머리와 비교해 보면 알 수 있다.

동일한 시술시간이라도 모질에 따라 컬러가 모두 다르게 나오므로 반드시 테스트하여 꼼꼼히 체크한다.

(8) 유화작업

샴푸 시술 직전에 시술한다.

두피와 모발에 묻어있는 염모제를 손의 열을 이용해서 마사지하듯 시술하여 두피에 염색의 얼룩도 제거하고 모발의 염모제의 지속력을 높여주는 효과가 있으므로 유화하는 방법은 샴푸하기 직전에 꼭 해야한다.

(9) 샴 푸

물로 염모제를 충분히 제거한 후에 샴푸제를 이용하여야 한다.

(10) 트리트먼트

pH 균형을 잡아주거나 손상도에 따른 사후에 처방을 하여 염색시술의 효과를 높힌다.

염색 기록 카드

성명 ______________________ 전화번호 ______________________

주소 ____

Pach Test : ☐ 음성반응 ☐ 양성반응 테스트 날짜 ______________________

눈동자색 ______________________ 피부톤 ______________________

모발

형태	길이	질감	밀도	다공성	
☐ 직모	☐ 짧다	☐ 굵다	☐ 숱이 없는	☐ 심함	☐ 저항적
☐ 파상모	☐ 중간	☐ 중간	☐ 중간	☐ 보통	☐ 매우 저항적
☐ 곱슬모	☐ 길다	☐ 가늘다	☐ 숱이 많은	☐ 정상	☐ 펌 웨이브

자연모발색 ____

레벨	톤	강도	범주
(1~10)	(따뜻함 차가움 기타)	(순함 중간 강함)	(B W S R)

두피상태

☐ 정상 ☐ 건성 ☐ 지성 ☐ 민감성

모발상태

☐ 정상 ☐ 건조 ☐ 지성 ☐ 퇴색 ☐ 불규칙함

백모량 ______________________ 백모 위치 ______________________

이전에 탈색한 탈색제품명 ______________________ 방치시간 ____________

이전에 염색한 염색제품명 ______________________ 방치시간 ____________

☐ 자연모발 샘플 동봉 ☐ 자연모발 샘플 동봉 안됨

희망하는 모발색 ____

레벨	톤	강도
(1~10)	(따뜻함 차가움 기타)	(순함 중간 강함)

수정시술

컬러 필러 사용여부 ______________ 트리트먼트 여부 ______________

염색부위

모발전체 ________ 재염색한 모발의 길이 ______ 명도 및 색상 ________

사용제품명 ______________________ 시술방법 ______________________

결과 ☐ 양호 ☐ 부족 ☐ 너무 밝음 ☐ 너무 어두움 ☐ 줄무늬

메모사항 : ____

____

____

시술자	금액	날짜	시술자	금액

IV

컬러 챠트 만들기

1. 자신의 컬러챠트 만들기

고객에게 컬러디자인을 권할 경우 서로의 색깔이 설명되기가 힘들다.
자신의 컬러챠트를 만들어서 사용해 봅시다.

명도레벨을 만들어 놓은 모발

1~3. 1~2 명도레벨의 모발다발에 블리치제 1제 +2제를 1:1비율로 섞는다.
4. 블리치제를 3cm 정도 띄워서 붓을 누워서 도포한다.
5. 윗부분을 붓을 세워서 도포한다.
6. 명도레벨대로 정리해 놓은 상태이다.
7. 윗부분을 가위로 자른다.
8. 자른 모발을 실리콘을 바르고 접착한다.

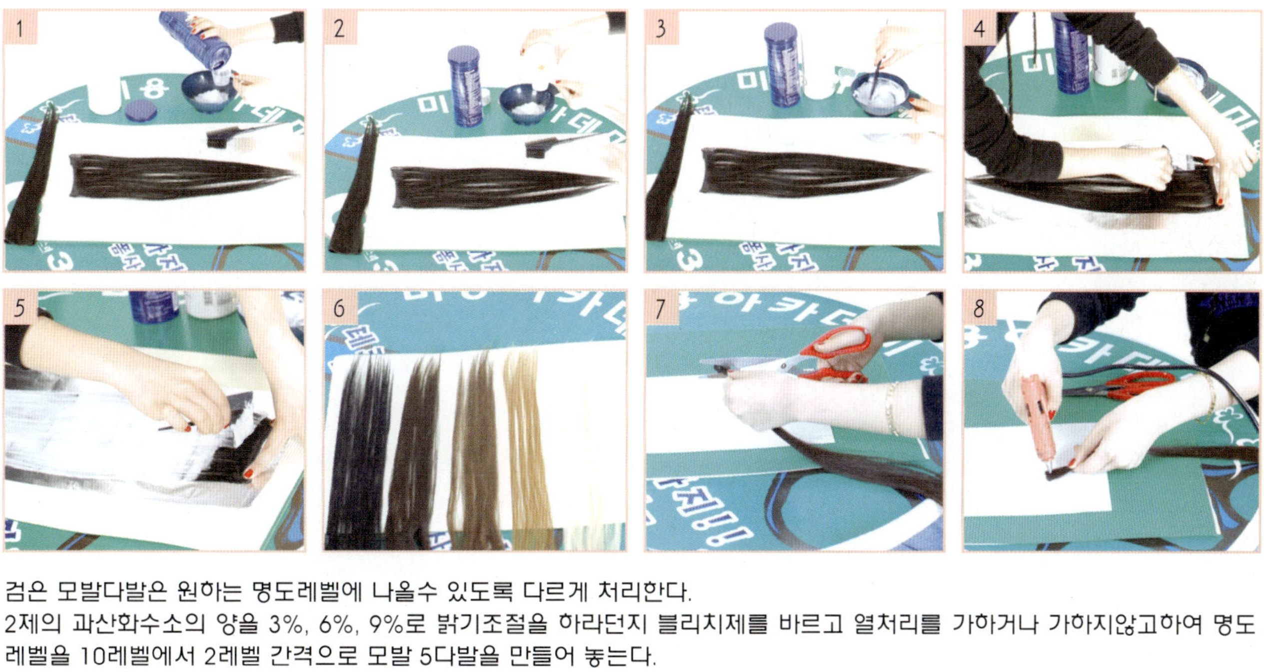

검은 모발다발은 원하는 명도레벨에 나올수 있도록 다르게 처리한다.
2제의 과산화수소의 양을 3%, 6%, 9%로 밝기조절을 하라던지 블리치제를 바르고 열처리를 가하거나 가하지않고하여 명도레벨을 10레벨에서 2레벨 간격으로 모발 5다발을 만들어 놓는다.

자연모 레벨

10	아주 아주 밝은 황갈색
9	아주 밝은 황갈색
8	밝은 황갈색
7	황갈색
6	어두운 황갈색
5	밝은 갈색
4	갈 색
3	어두운 갈색
2	아주 어두운 갈색
1	흑 색

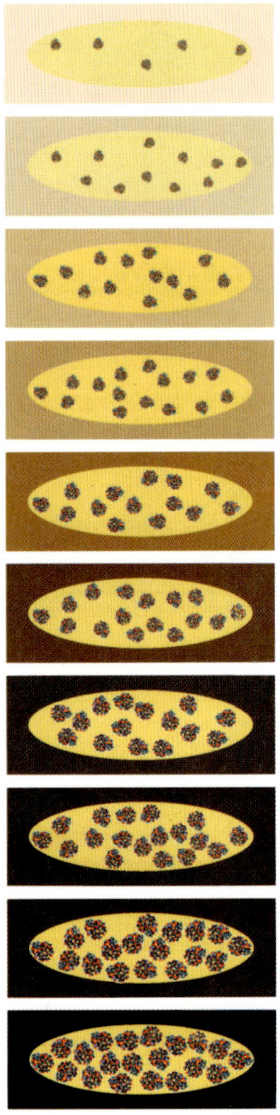

tone up, tone down

톤이란 밝기(명도)와 선명함(채도)를 합친 색의 조율을 말한다. 컬러챠트에는 1~10까지의 숫자로 표시되는 경우가 많고 한국인의 모발은 3~5까지의 톤이 표준이 된다.

톤이 낮을수록 어둡고(색소의 양이 많다), 높을수록 밝다(색소의 양이 적다).

톤업이란 색채와 농도를 높이는 것으로 어두운 색소가 밝은 색조로 탁한 색조가 맑은 색조로 변화하는 것을 말한다.

버진 헤어의 경우, 자신의 머리 색깔을 기준으로 컬러링할때 현재의 톤을 기준으로 기준보다 밝게 할 것인가. 어둡게 할 것인가를 선택하여 고객과 상담하여야 하기 때문에 자연모 상태의 명도레벨을 꼭 암기하여 숙지하여야 한다.

9. 모발을 부착하기 위한 판넬을 자른다.
10 모발을 부착하기 위해 실리콘을 바른다.
11. 판넬을 양옆에 대어서 모발을 밀착시킨다.
12. 모발을 벗어나지 않게 잘 맞춘다.
13. 판넬을 눌려서 얇게 만든다.
14. 모발을 명도레벨을 달리하여 만들어 놓은 상태이다.

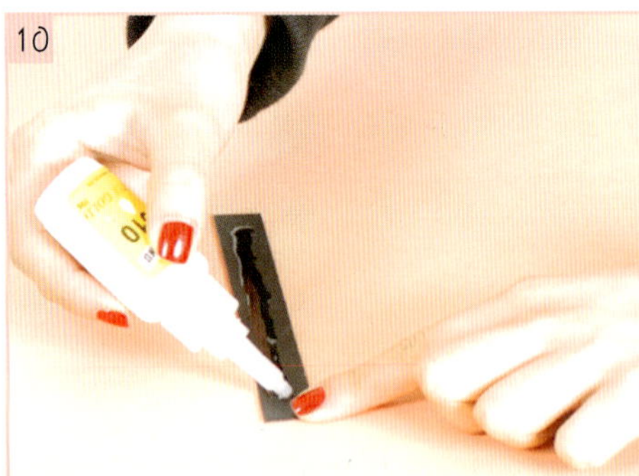

블리치 레벨

레벨	색
10	아주 밝은 노랑
9	밝은 노랑
8	노 랑
7	노랑 오렌지
6	오렌지
5	붉은 오렌지
4	빨 강
3	빨 강
2	빨 강
1	빨 강

멜라닌의 색(모발의 바탕색상)

원하는 색상을 넣고 싶을땐 모발의 바탕에 멜라닌 색을 알아야 한다.

밝은 노랑색을 넣고 싶을땐, 8레벨 노랑에서 노랑색을 넣어야만 노랑색이 표현된다.

4레벨 빨강인 상태에서는 노랑색을 넣어도 노랑색이 표현되지 않는다.

1, 2. 빨간색을 도포한다.
3, 4. 청색을 도포한다.
5, 6. 노랑색을 도포한다.

1

2

3

4

5

6

색깔 만들기

1, 2. 빨간색 노란색을 1:1로 믹서하여 오렌지를 만들어서 도포한다.

3, 4. 노란색과 청색을 1:1로 믹서하여 녹색을 만들어서 도포한다.

5, 6. 청색과 빨간색을 1:1로 믹서하여 보라색을 만들어서 도포한다.

1

3

5

2

4

6

1, 2. 빨간색을 도포하여 색상이 표현된 상태이다.
3, 4. 청색을 도포하여 색상이 표현된 상태이다.
5, 6. 노란색을 도포하여 색상이 표현된 상태이다.
7, 8. 오렌지색을 도포하여 색생이 표현된 상태이다.
9, 10. 녹색을 도포하여 색상이 표현된 상태이다.
11, 12. 보라색을 도포하여 색상이 표현된 상태이다.

윗 모발의 윗부분에 명도레벨을 남기고 밑부분에는 코팅제를 발라서 색상표현을 시술하기 위해 열처리를 한다.

LEVEL CHART

색깔만들기를 쉽게 이해하게 되면 코팅제 색깔을 얼마만큼 믹서해야 고객이 원하는 모발의 색깔을 표현할지 알게된다.

2. 한 패널로 하이라이트 효과

커트를 하여 스타일을 시술한 후 하이라이트 효과를 알면 모발 몇가닥만으로도 예쁜 헤어스타일을 연출할 수 있다.

인위적으로 모발을 잡아당긴 상태

모류 방향대로 흘러간 상태

사선 위빙(오른쪽)

하이라이트를 사선으로 일정한 간격으로 넣으면 선이 분명하게 떨어진다. 아래는 모류때문에 섞어졌다.

가로 위빙

하이라이트를 일정한 간격으로 넣는다. 하지만 두상이 원이기 때문에 떨어지는 선은 약간 흐려진다.

역삼각형

가로로 윗쪽의 하이라이트가 강하다. 모발끝부분과 안쪽부분에는 약하다.

삼각형

윗표면은 라인이 약하지만 움직임이 형성되면 안쪽은 하이라이트가 강하다.

하이라이트를 넣을때는 두상이 표현할 수 있는 조건을 먼저 생각해야 한다.

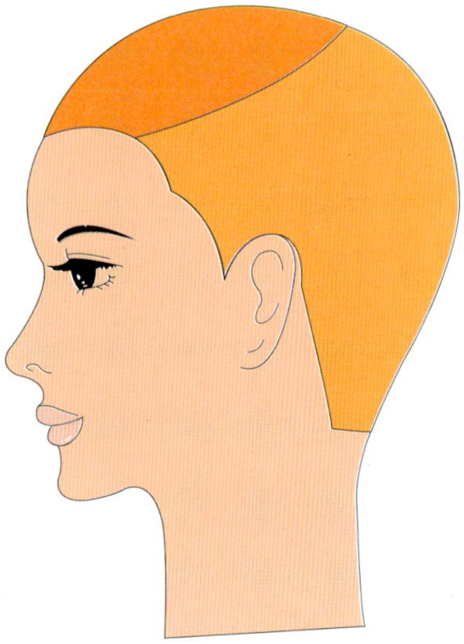

오버섹션 영역에 하이라이트를 넣었을 경우.
모발이 흩어져서 지저분하게 떨어진다.

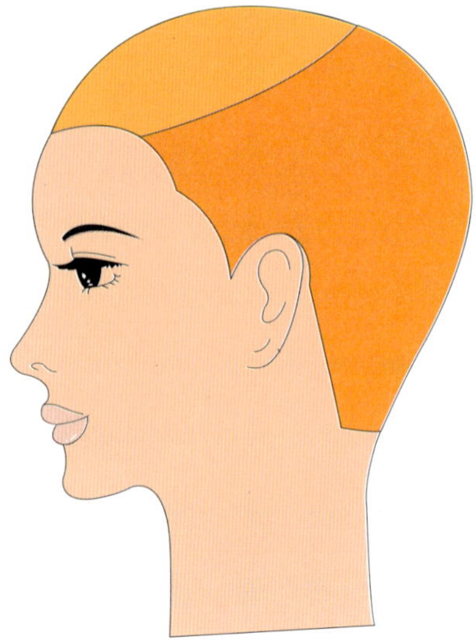

언더 섹션영역에 하이라이트를 넣었을 경우에는
떨어지는 선이 분명하다.

가로 슬라이싱

한면은 전체적으로 하이라이트가 표현된다.

사선 위빙(왼쪽)

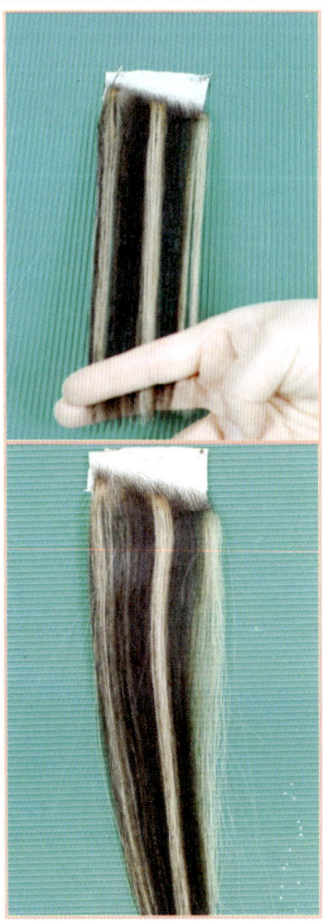

떨어지는 선이 분명하다. 모류가 흐르는대로 떨어진다.

사선 슬라이싱(오른쪽)

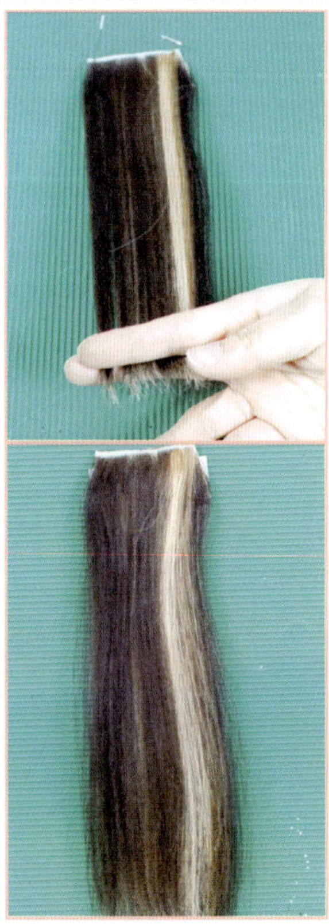

사선슬라이싱은 덮히는 모발을 계산해야 한다.

사선 슬라이싱(왼쪽)

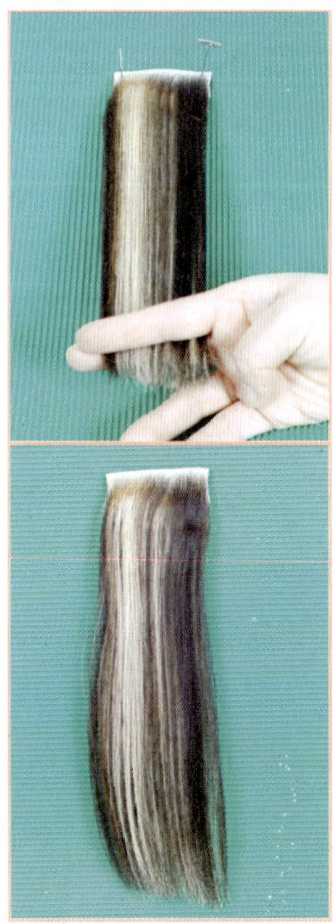

사선 슬라이싱은 두상이 어디냐에 따라 표현이 다르다.

V

염색터치 테크닉

본래의 모발

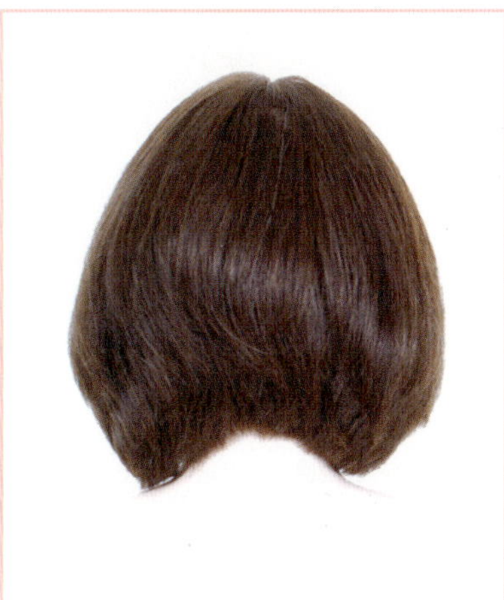

테크닉을 시술한 모발

명도레벨을 올려서 시술했으며, U라인 영역을 지그재그 테크닉으로 하이라이트를 주어 시술하였다.

1. 멋내기 테크닉

모발이 언더섹션 영역은 흩어져 서 떨어지기 때문에 지그재그 테 크닉으로 표현한다.

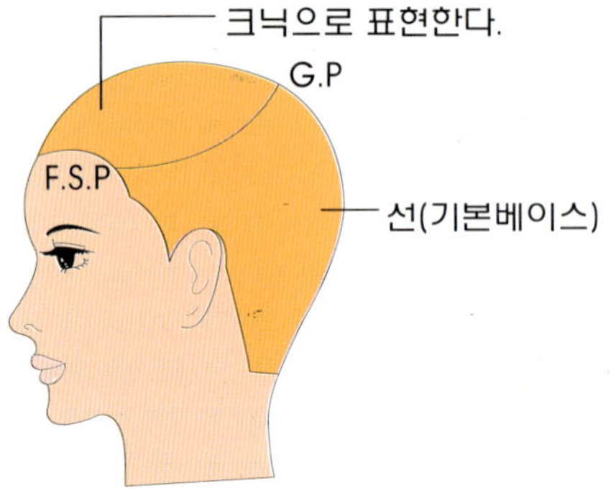

기본브록킹

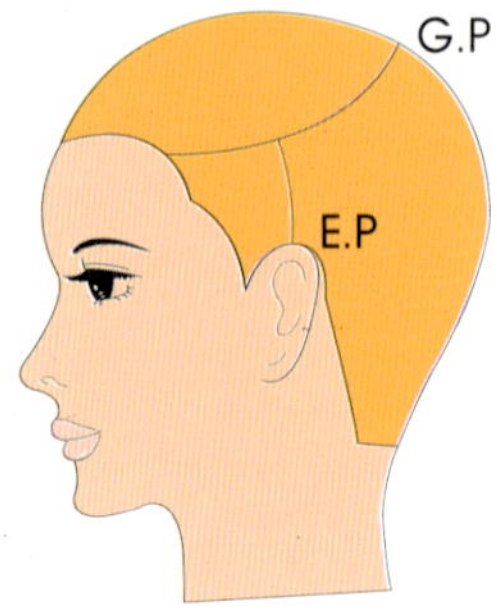

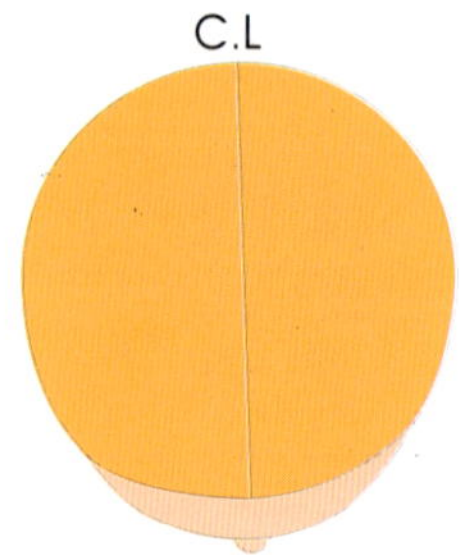

1~6. F.S.P~G.P~F.S.P 선을 연결하여 V라인 블로킹을 탄다.
7~10. G.P~N.P를 연결하여 C.L선을 나눈다.
11~15. E.P를 나누어서 앞머리 뒷머리를 나눈다.
16. 브록킹을 타 놓은 상태이다.

1) 붓의 각도와 도포량

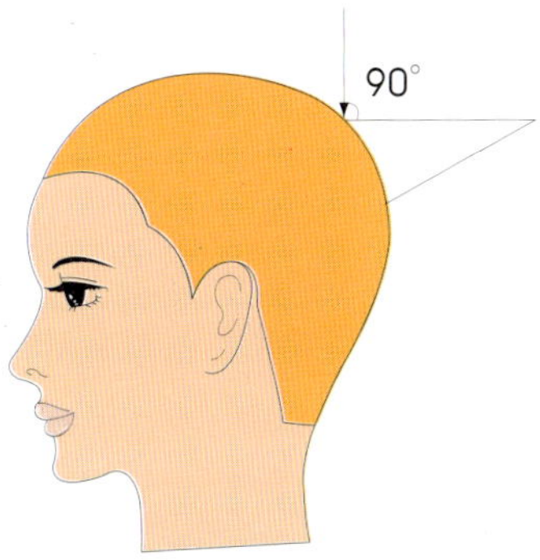

붓을 90°로 세울 때는 도포량이 아주 적다.

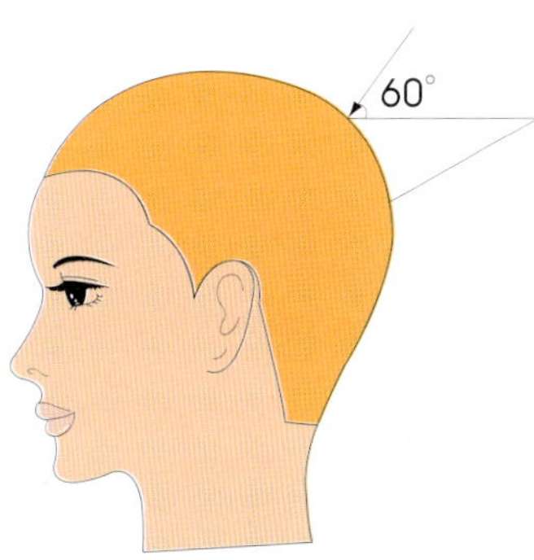

도포량이 적당하게 발라진다.

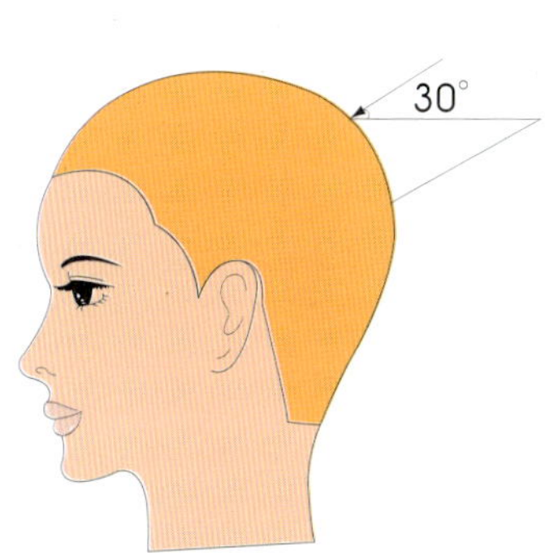

도포량이 많아진다.

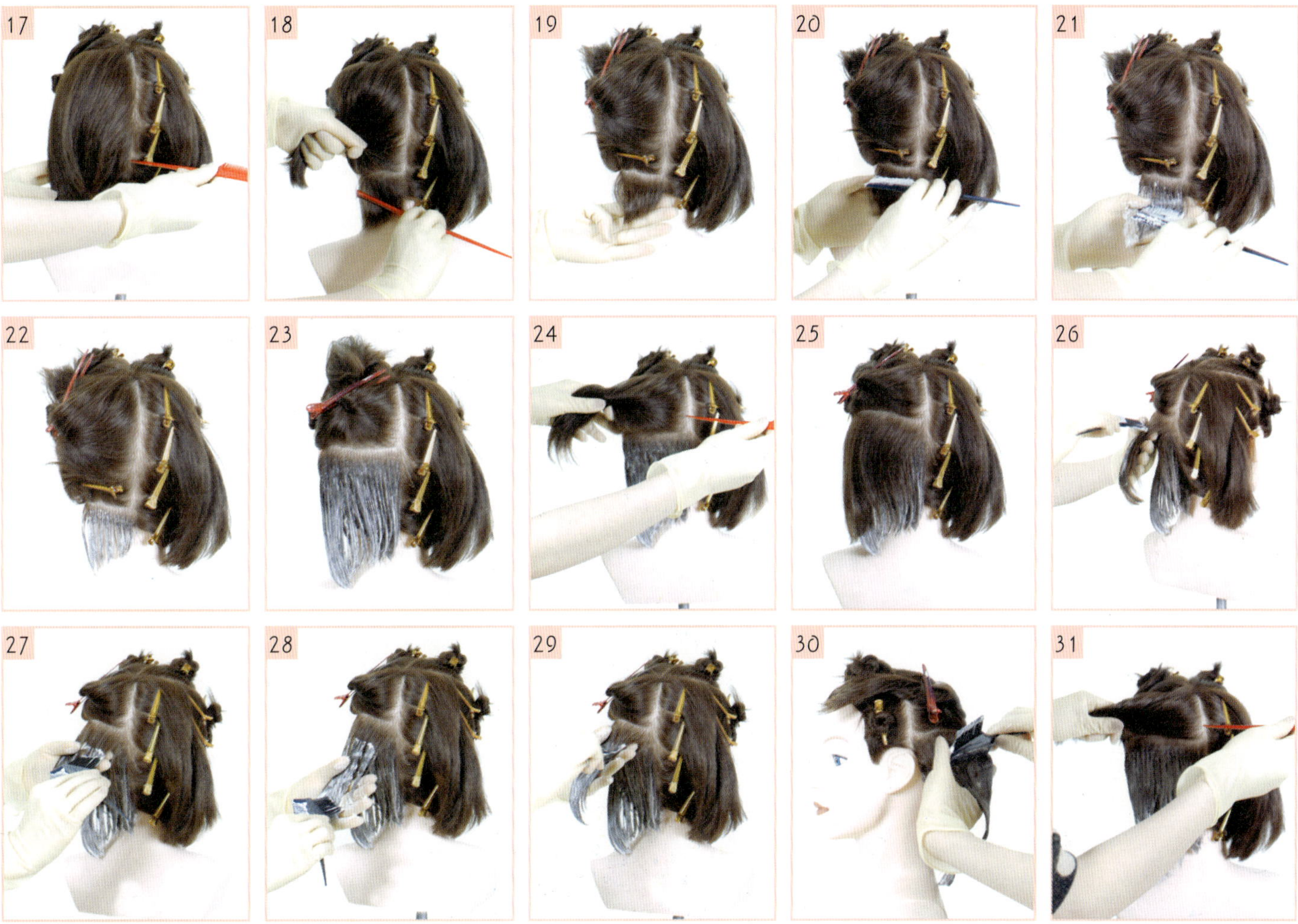

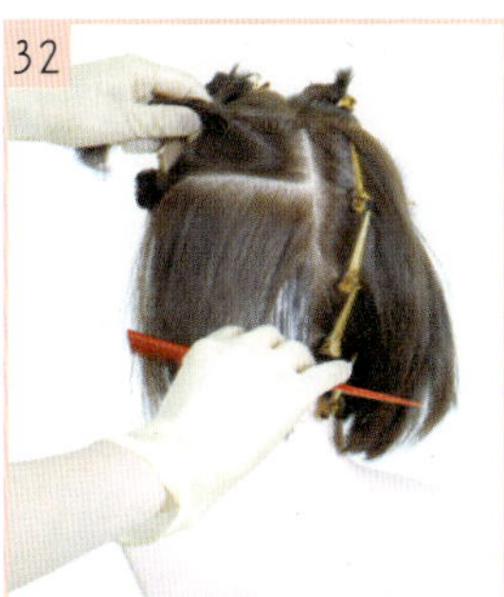

17~20. 브록킹을 탄후, 한 판넬을 펴서 첫 판넬을 2~3cm띄어서 붓을 30°로 눕혀서 도포한다음 다시 세워 도포한다.

21~24. 모발을 위에서 아래로만 도포하고 손으로만 도포한다.

24~32. 판넬을 펴서 두피에서 2~3cm띄운 다음 눕혀서 도포한다.

2) 컬러제의 도포량

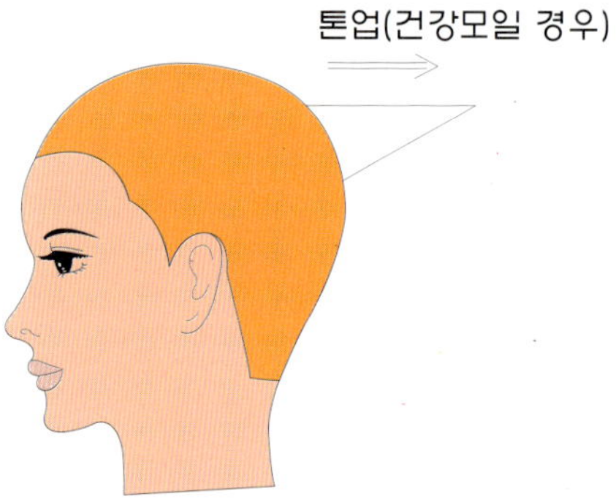

건강모인 경우에는 도포량을 점점 조금씩 많이 도포하게 된다. 두피부분에는 두상의 온도 때문에 발색이 빨리되므로 도포량을 적게한다.

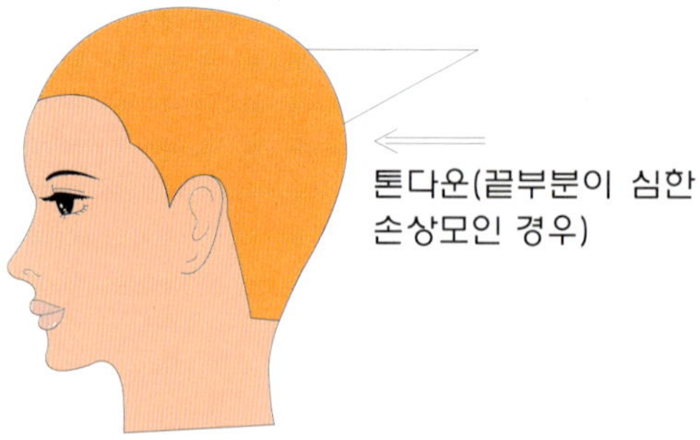

손상모인 경우 톤다운 경우에는 손상이 심한 부분에 컬러제를 많이 도포한다.

33~48. G.P 아래까지 슬라이스 판넬을 1~1.5cm로 떠서 처음에는 붓을 눕히고 두피부분에는 세워서 적은 양을 도포한다.

3) 염색이 잘 되는 부분과 잘 안되는 부분

발색이 잘 되는 부분

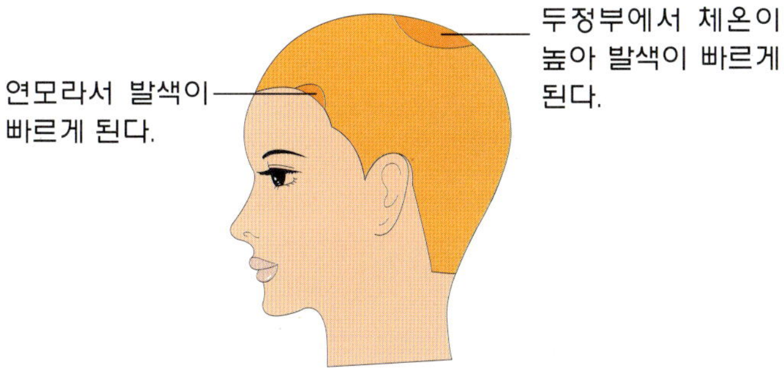

이 부분은 도포량을 적게하고 세워서 텃치한다.

발색이 잘 안되는 부분

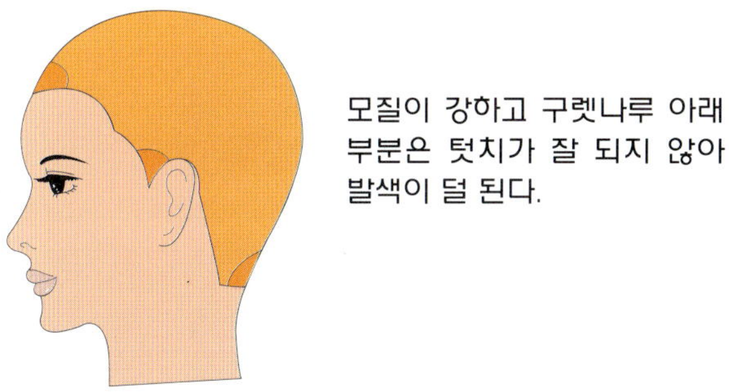

이부분은 도포량을 듬뿍하고 눕혀서 텃치한다.

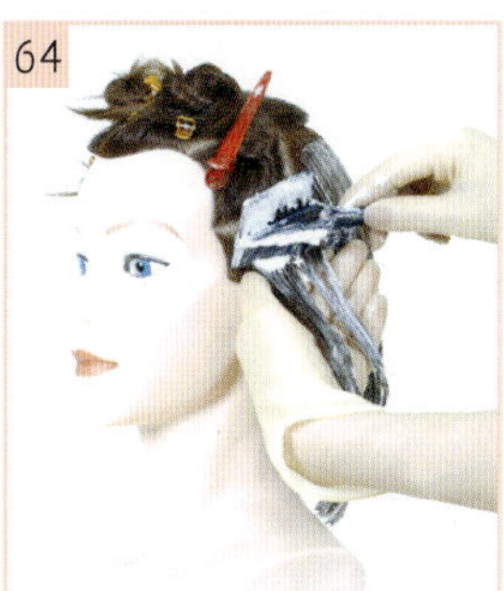

49~64. 다른쪽도 이전의 시술과 동일하게 한다.

헤어컬러링에 있어서 주의사항

① 염모제의 시술에 대해서는 약제 메이커의 지시에 따라야 한다.

② 시술전에는 팻치테스트를 행한다. 즉 팔의 안쪽 또는 귀 뒷쪽 등에 약간의 염모제를 발라서 48시간 방치한 후 피부에 이상이 있는가 없는가를 체크한다(특히 색소가 많이 들어있는 흰머리 염색에는 꼭 체크).

③ 컬러디자인은 모발 진단을 하여 원하는 색깔의 표현될 수 있는지를 알아야 한다.

시술순서

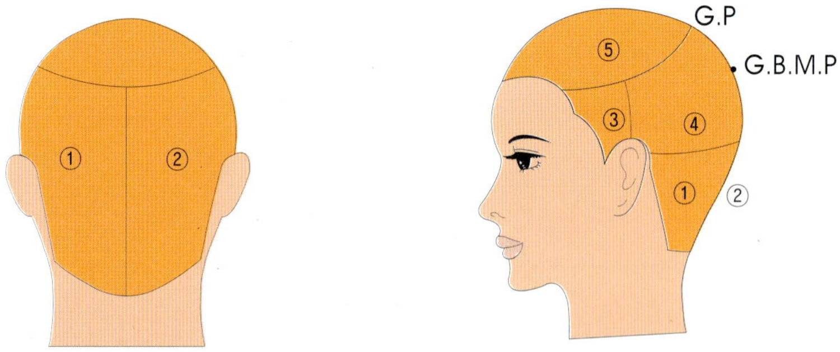

뒷부분을 먼저 시술후 양쪽을 하고 U라인 영역을 연출한다.
G.P에서 G.B.M.P 부분까지의 도포는 두상 곡면이 흐르는 곳이기 때문에 붓을 세워서 염모제를 조금 도포해야 한다.

65~80. G.P 아래부분은 이전과 동일한 방법으로 시술한다.

2. 지그재그 테크닉

1) U라인 영역의 슬라이싱 테크닉

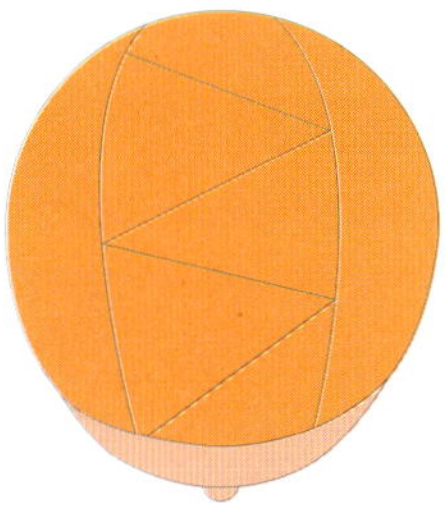

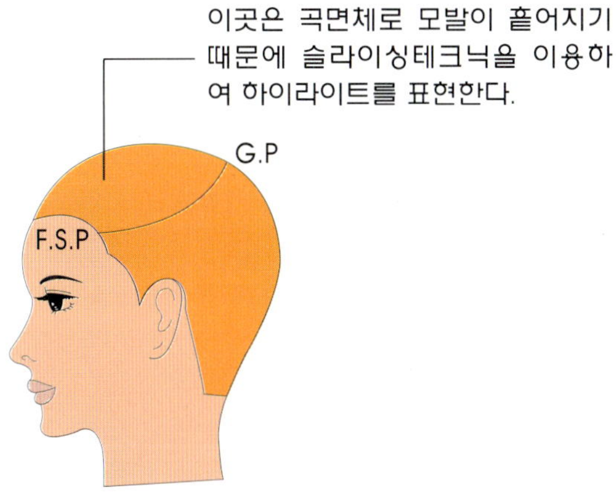

1~4. G.P에 2cm 옆쪽에서 전대각으로 슬라이스 판넬을 뜬다.

5~16. 꼬리빗으로 호일을 모발 밑에 넣은 후 블리치제를 도포한다.

2) 염색 텃치 테크닉

롱 헤어 일때

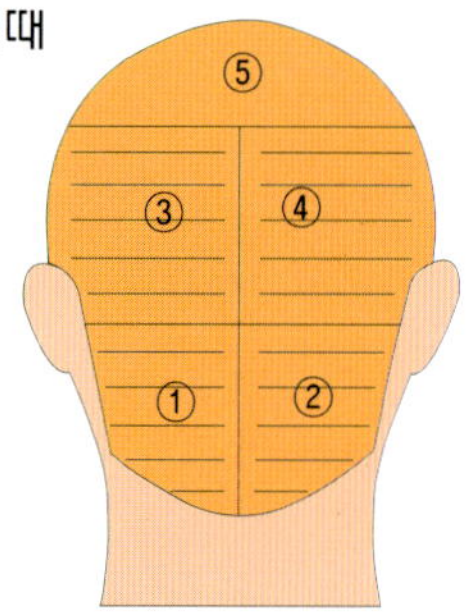

미디움 헤어 일때

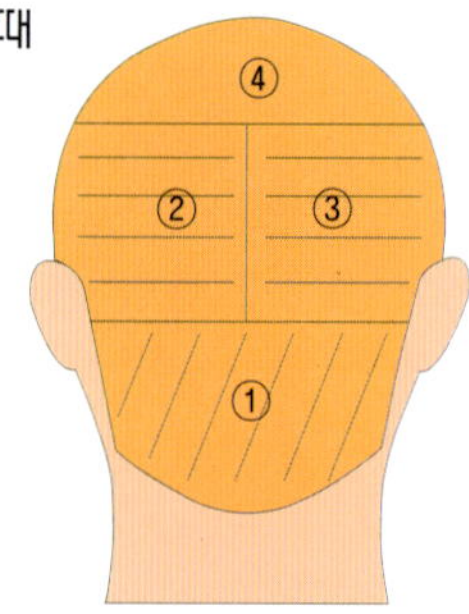

쇼트 헤어 일때

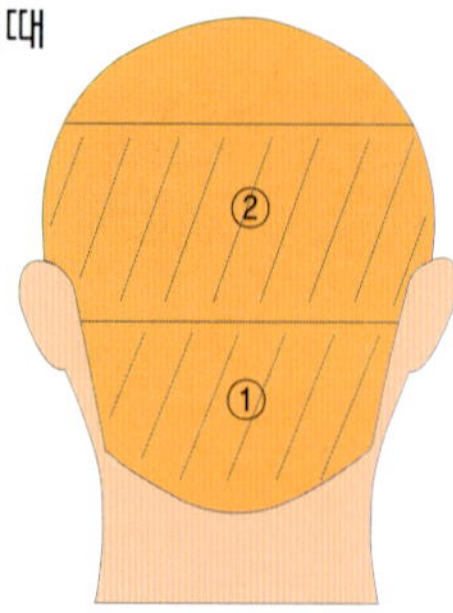

길이가 짧을 때는 B.P 아래부분은 사선이나 세로로 텃치하는 시술이 좋다.

17~32. 1cm 폭으로 슬라이스한 모발을 들고 호일을 모발 밑에 넣은 다음 블리치제를 바르고, 호일을 반으로 접은후 블리치제가 흐르지 않도록 양쪽을 접어 감싼다.

아웃컬

본래 모발

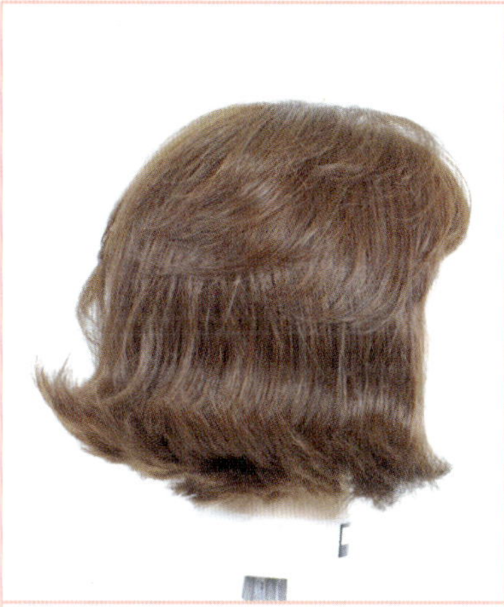
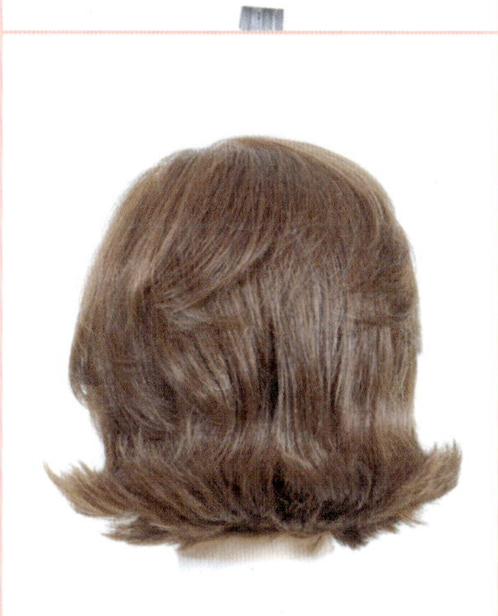
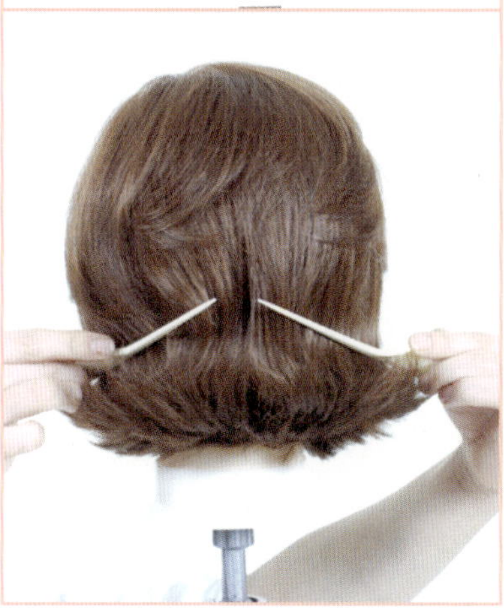

탈색된 모발

컬러를 넣고싶은 부분만 블리치제로 멜라닌 색소를 바른다.
모발 색깔을 뺀다.

코팅된 모발

그곳에 원하는 컬러코팅제를 바른다.
8~10 명도 레벨이 되지않으면 원하는 색감이 나오지 않는다.

3. 흰머리 테크닉

1) 시술순서

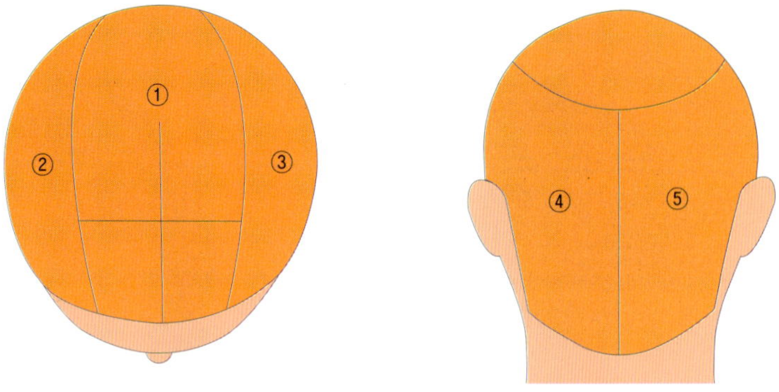

흰머리의 많은 곳에 먼저 도포하면서 영역을 나눈다.

2) 도포량

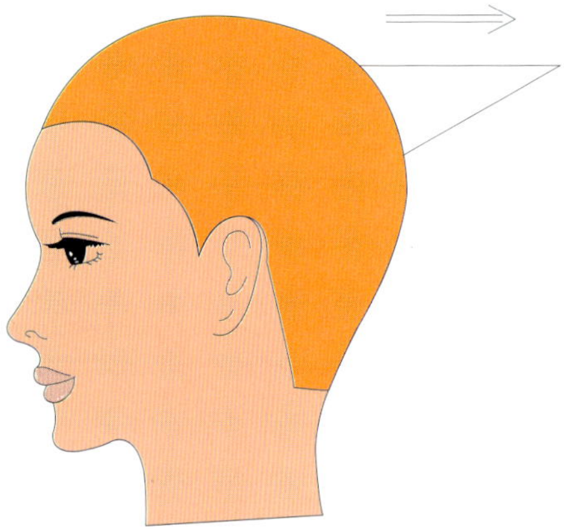

흰머리가 많은 부분과 이제 모발이 나기 시작하는 부분에는 붓을 눕혀서 컬러제를 많이 도포한다.

3) 시술시 유의사항

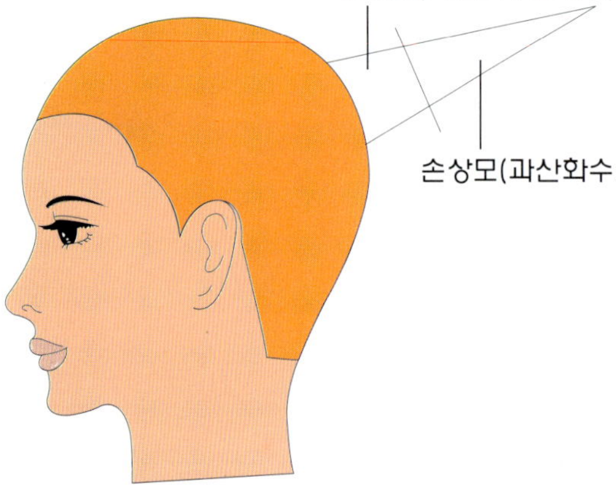

손상모 부분에서 3%의 산화제를 믹서하여 도포하면 착색력이 강하므로 윤기있는 모발과 원하는 색감을 얻을 수 있다.

4. 판넬 만드는법

1) 가로

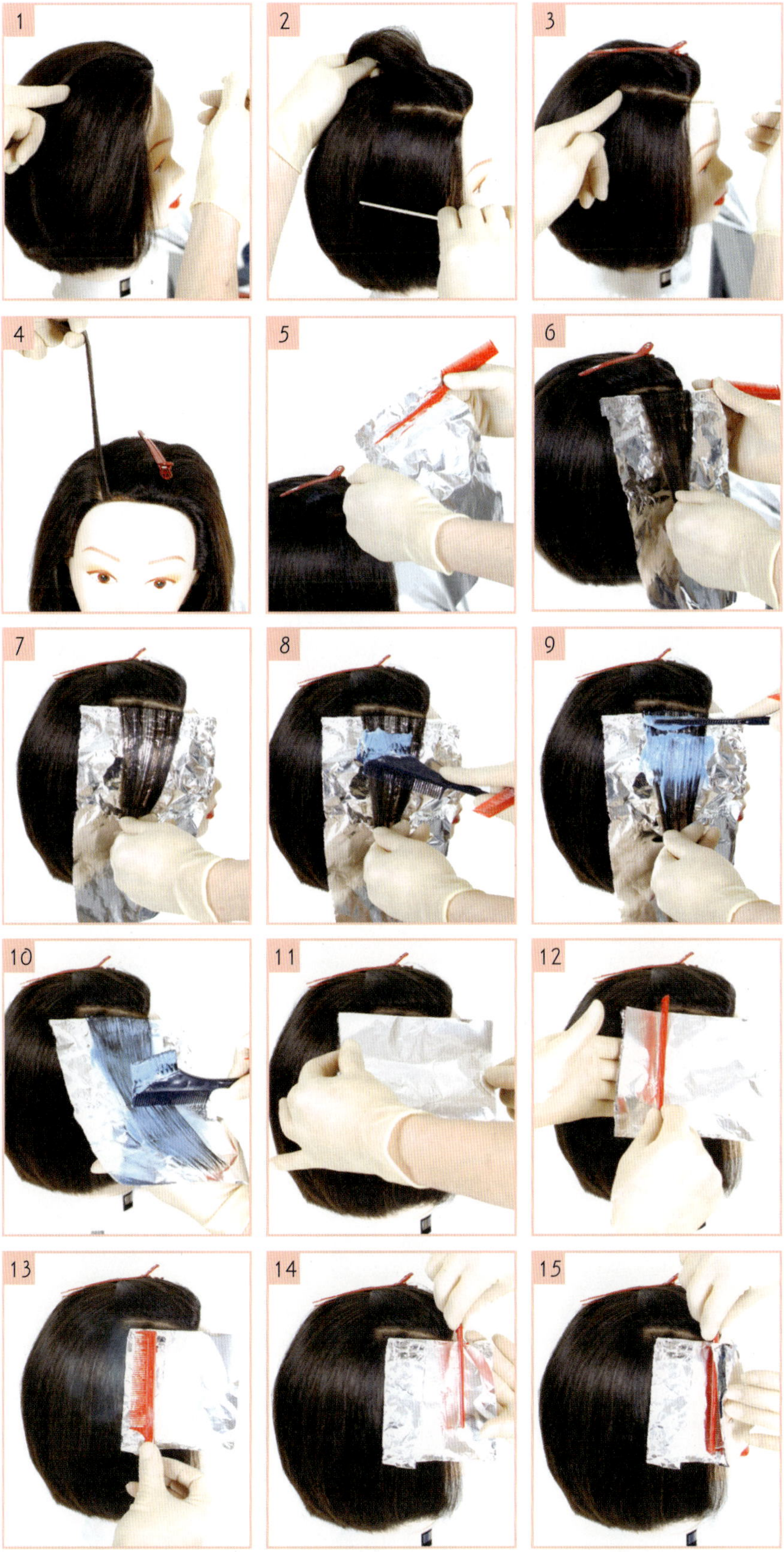

꼬리빗으로 검지까지 1cm의 슬라이스 판넬을 떠서 모발 아래에 호일을 대고 모근에서 2~3cm을 띄어 붓을 눕혀서 도포한다. 모근부에는 붓을 세워 블리치제 양을 조절하여 하나의 판넬을 만든다.

2) 사선(후대각)

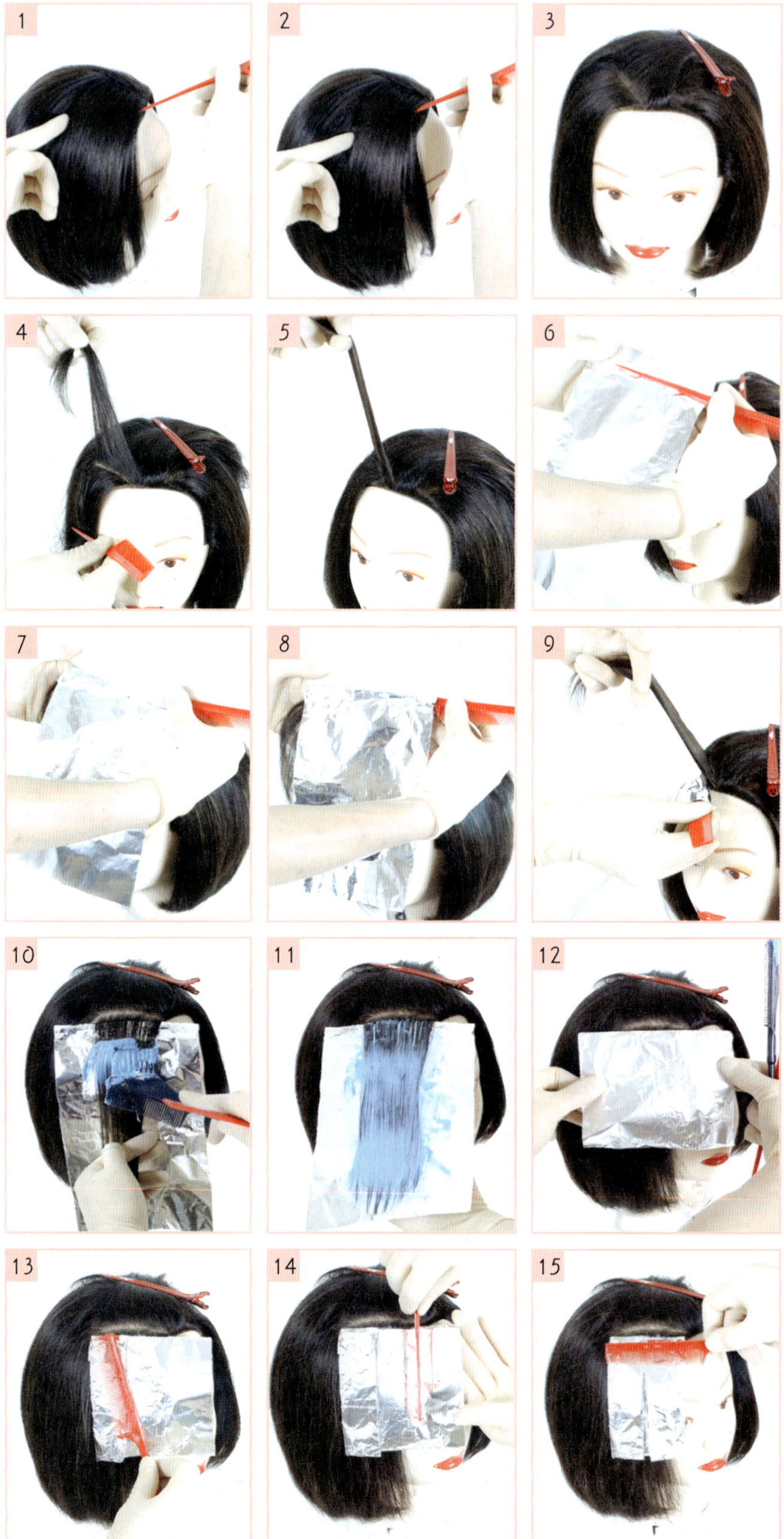

가로와 동일한 테크닉이지만 슬라이스를 후대각 사선으로 뜬다.

3) 사선(전대각)

가로와 동일한 테크닉이지만 슬라이스만 전대각으로 뜬다.
고개를 15° 정도 숙인 상태에서 모발이 떨어지므로 전대각 슬라이스로 뜰 때 떨어지는 모발의 선이 분명하다.

4) 위 빙

하이라이트나 로우라이트에 사용할 수 있고 두상곡면이 어디냐에 따라 염색의 효과를 극대화 시킬수 있다.

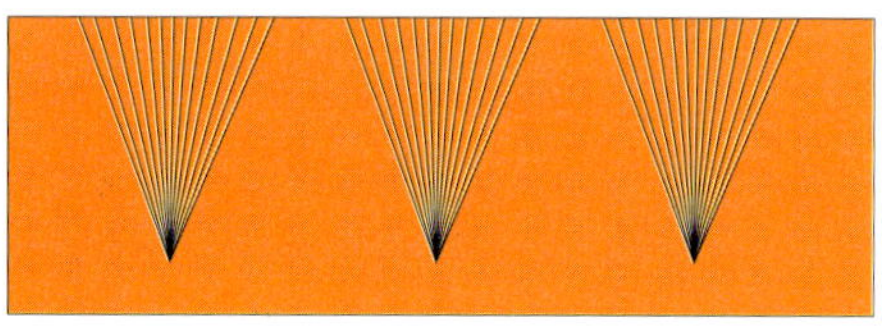

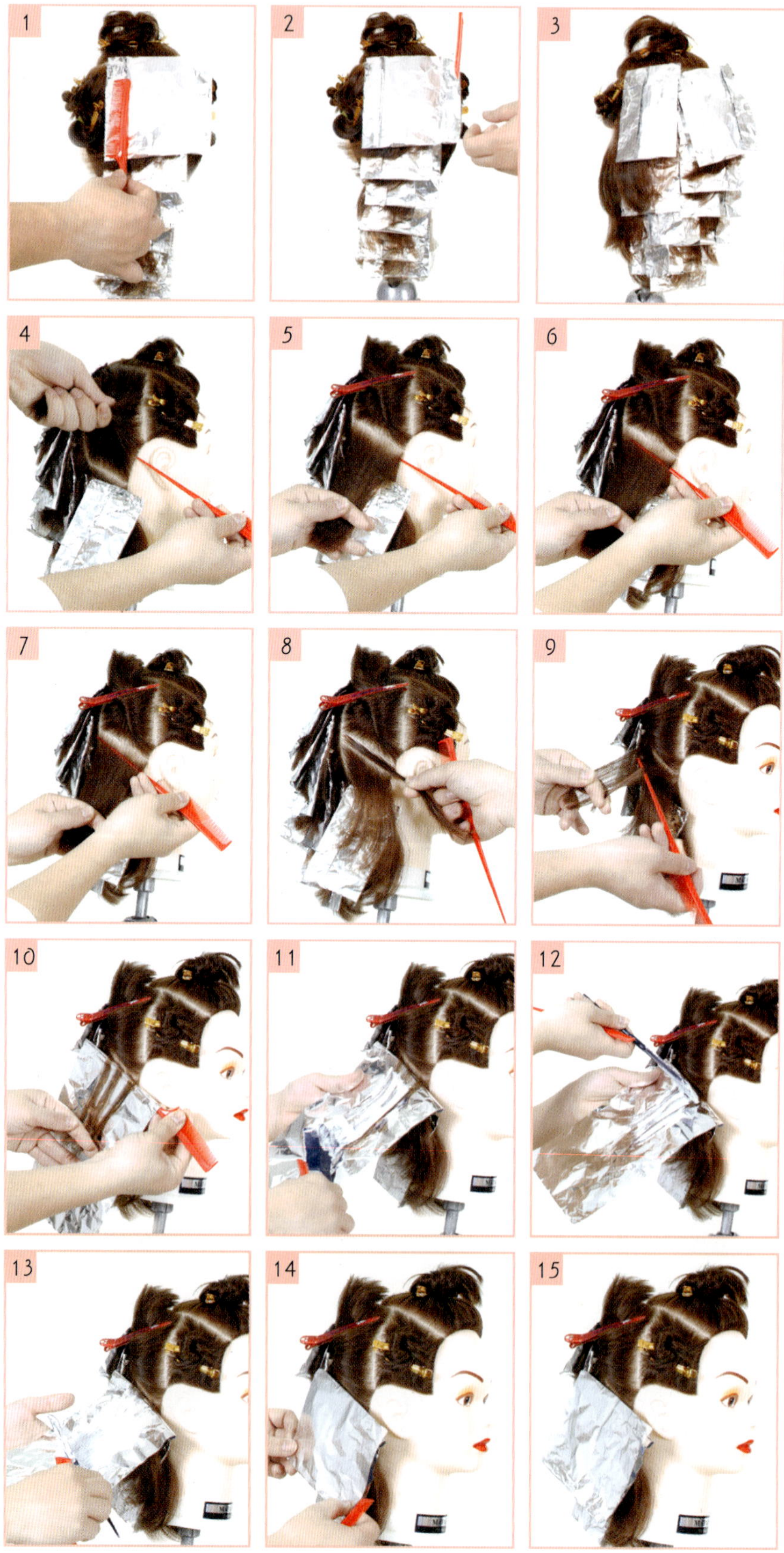

모발의 한 판넬을 꼬리빗으로 떠서 호일을 모발 밑에 대고 블리치제를 바른다.
모발의 판넬을 뜰때는 뿌리 가까이에서 들어올리는 것이 정확하다. 중간이나 끝부분에서 들어올리면 모발을 뜨는 깊이가 고르지 못하다.

5) U라인 영역에 대한 슬라이스 테크닉

(1) 파트에 대해 수직

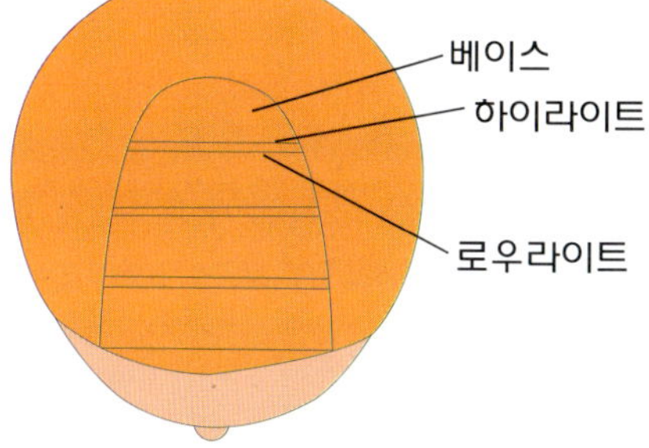

오버섹션인 U라인 영역에 슬라이스 테크닉을 잘 활용하면 떨어지는 모발의 흐름을 이용하여 디자인을 연출할 수 있다.

(2) 지그재그

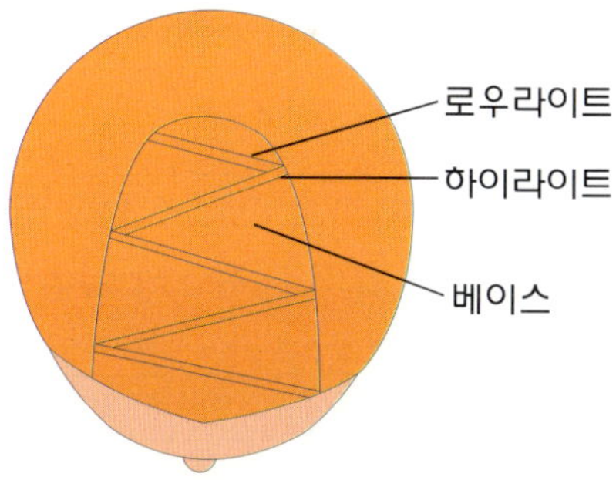

지그재그 슬라이스를 시술하지만 떨어지는 파트에 대해 수직인 느낌과 비슷한 디자인을 연출할 수 있다.

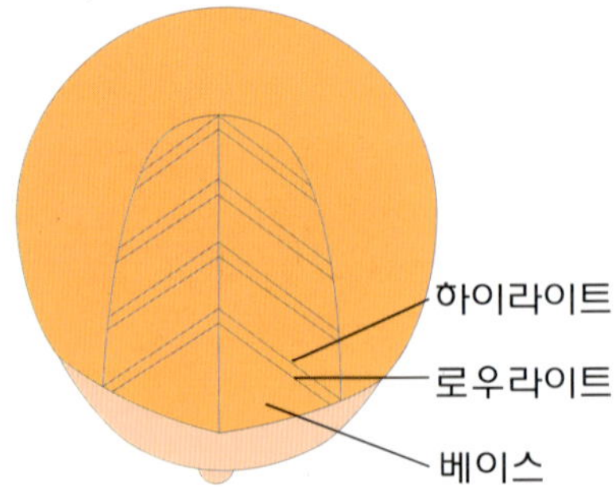

(3) 전대각

바닥에 수직으로 떨어지는 보브스타일에 이용하며 고개를 앞쪽, 뒤쪽으로 움직임에 따라 떨어지는 컬러의 느낌이 다르다.
고개를 15° 숙인 상태에서 모발이 떨어지는 선이 분명하다.

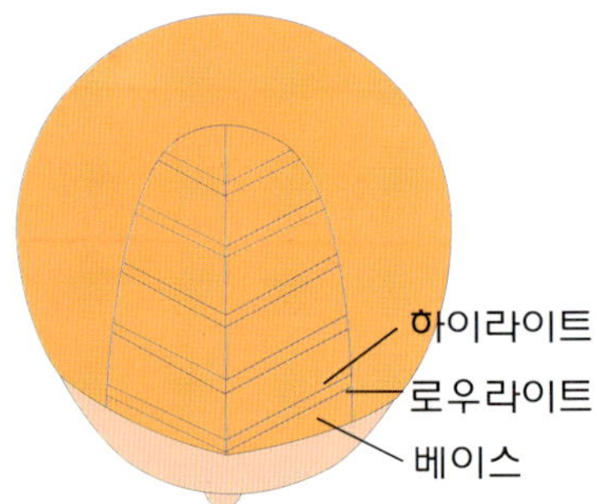

(4) 후대각

뒤쪽으로 고개를 넘겼을 때 선이 분명하다. 모발의 율동에 따라 모발의 컬러 디자인이 달라진다.

5. 가로 슬라이싱과 산성 염모제 테크닉

1) 탈색된 모발

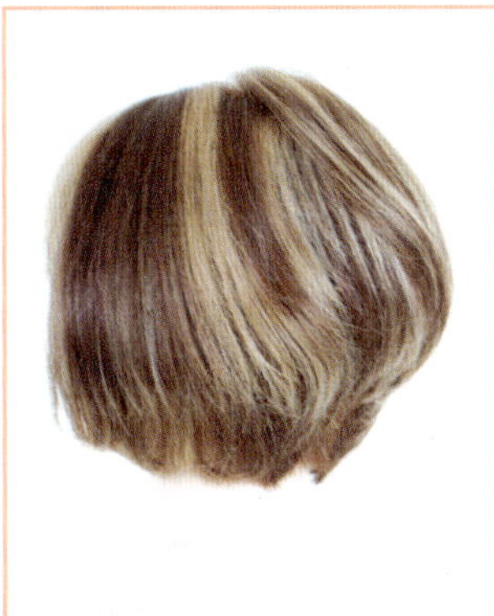
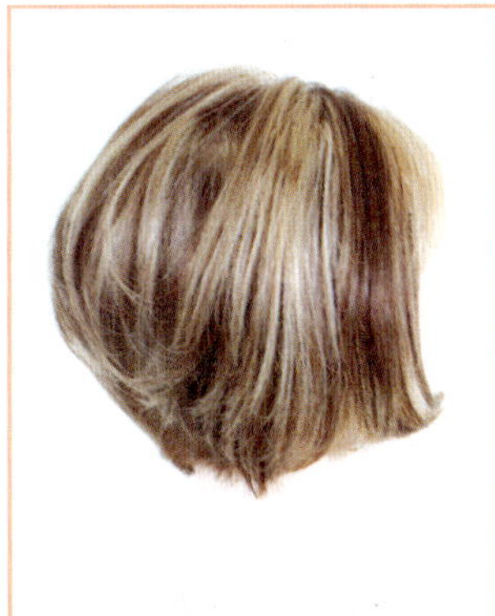
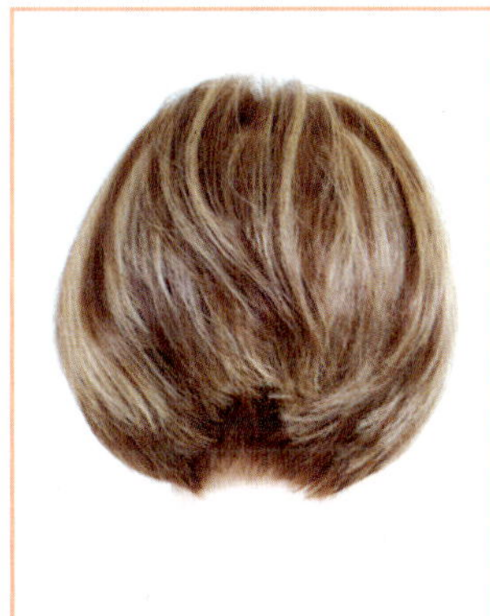

두상곡면을 가로로 슬라이싱하여 하이라이트를 시술한 상태

2) 코팅된 상태의 모발

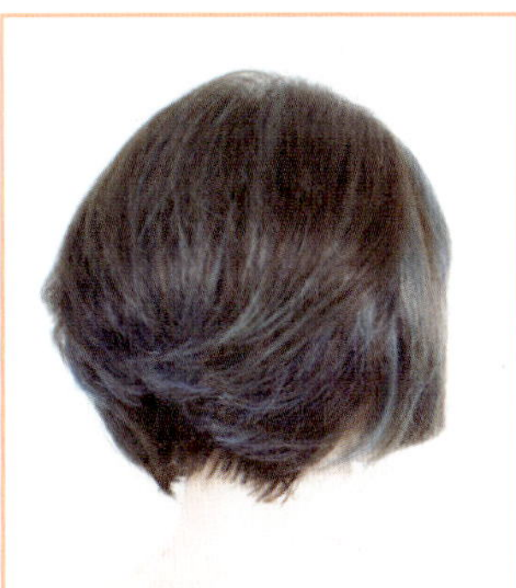

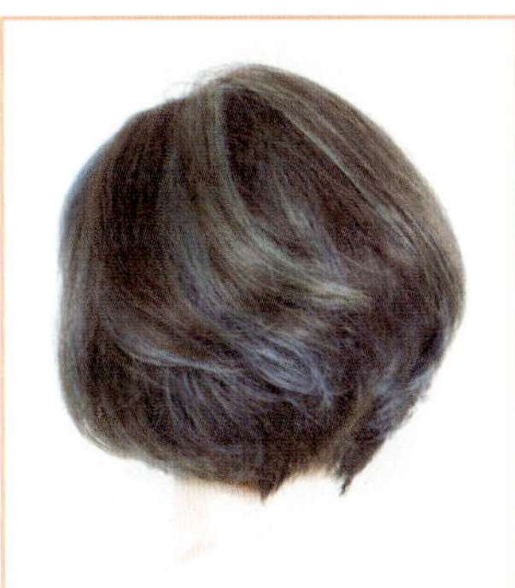

가로 슬라이싱하여 하이라이트를 시술한 후 코팅제를 도포하여 시술한 상태

3) 브록킹하여 슬라이스

언더섹션에서 가로로 슬라이스를 떠서 시술하고 오버섹션 앞머리에 해당하는 2~3간격은 블리치제를 다 도포하고 U라인은 파팅과 수직으로 2~3cm간격을 떠서 시술한다.

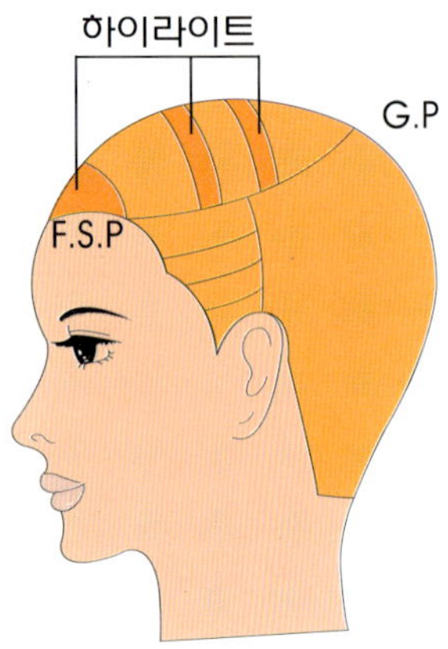

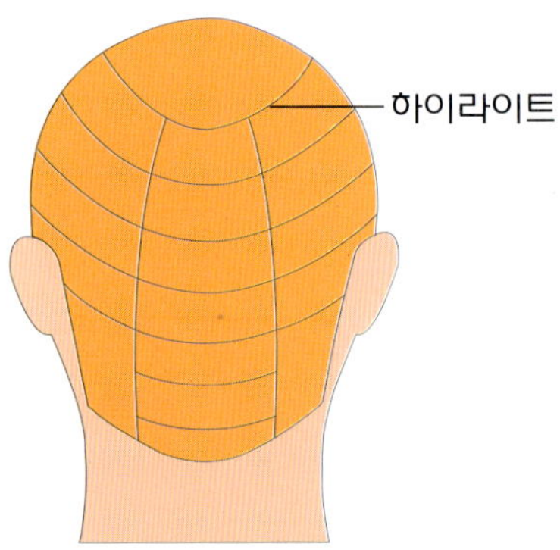

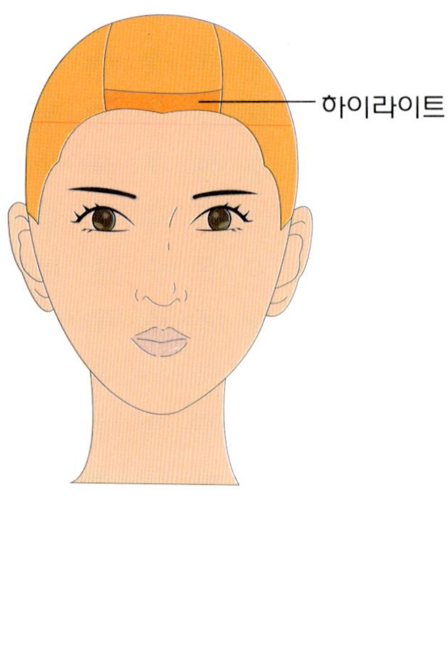

11~12. 탈색이 된 후 샴푸가 된 상태의 모발.

13~18. 시술을 위한 앞뒤를 나누어 브록킹을 탄다.

19~24. 코팅시술은 두피에 묻어지기 때문에 T.P부터 시술한다.

25. 두피에 묻지 않도록 핀컬핀으로 처리한다.

26~40. 코팅시술은 T.P에서 커트판넬 만큼 떠서 시술하고 아래로 내려가면서 1판넬씩 시술하면 된다.

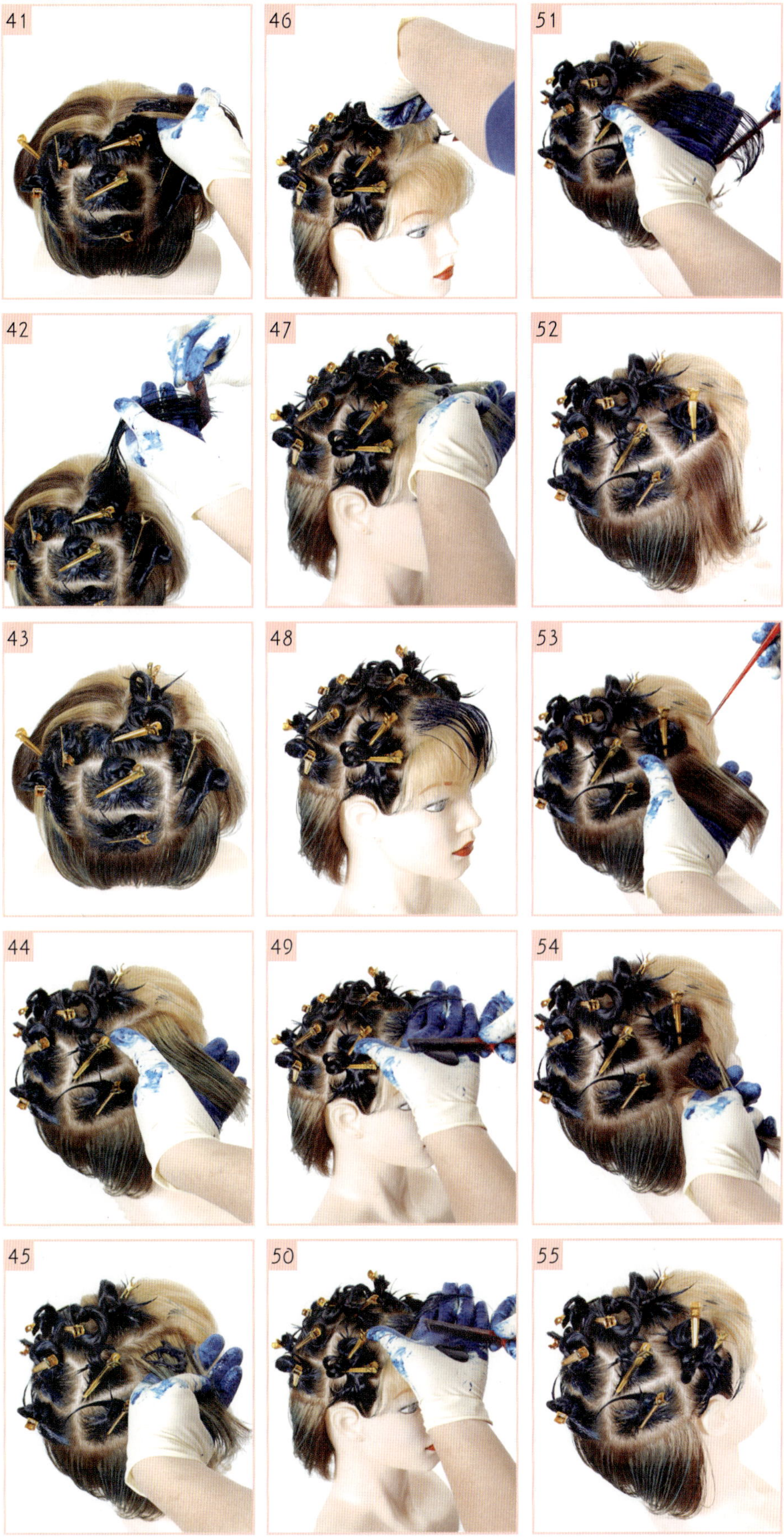

코팅제 도포시 주의사항

짧은 모발을 코팅 도포할때는 모류가 흘러가는 반대방향으로 빗질하여 두피에 코팅제가 묻지않고 모근부까지 도포할 수 있게 도포해야 한다.

VI

컬러 디자인 테크닉

컬러디자인을 하기 위해서는 두상에서 모발이 떨어지는 흐름을 먼저 알아야 한다.

T존 영역

① 모질이 가늘고 부드럽고 모량이 적어서 떨어지는 모발이 분산되기 쉬운 영역이다.

② 다른 모발에 영향을 받는 일이 없고 모발에 겹치는 부분이 없으므로 표현을 최대로 할 수 있는 곳이다.

③ 이곳이 모발이 짧으면 일어서려는 성질이 있고 머리가 길면 모발의 무게 때문에 떨어져서 볼륨은 없어지고 선만 만들어 진다.

④ 이곳은 360° 어디든지 분산되어 떨어진다. 결정적인 요인은 모류에 의해 좌우된다.

⑤ 이곳에 모발에 하이라이트를 주고 싶을때는 모발이 흩어지기 때문에 위빙테크닉보다 슬라이싱 테크닉을 이용하면 떨어지는 모발은 위빙테크닉처럼 보인다.

P존 영역

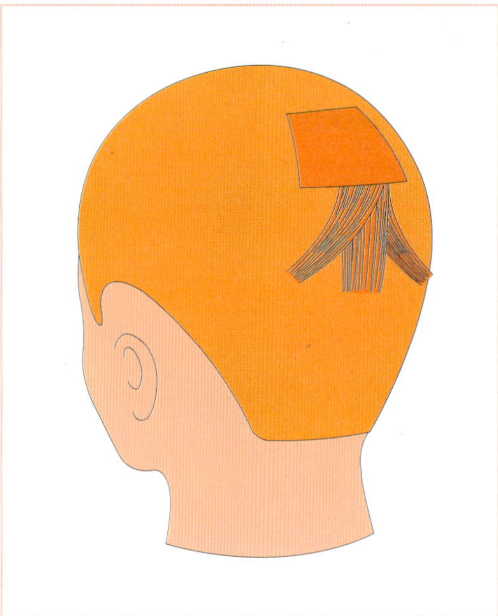

① 이 영역은 볼륨을 만들기 쉬운 영역이고 동시에 무게 위치에 균형을 잡을수 있는 곳이다.
② 표면을 덮기 때문에 디자인 표현을 담당하는 곳이다.
③ 입체감을 만들기 위해서는 이곳의 컬러가 어둡느냐 밝느냐에 따라 조절이 된다.
④ 모류가 위로 향해 있기 때문에 짧은 모발일 경우에는 모발이 서기 쉬운 곳이며 긴 모발일 경우 두상곡면이 누우면서 밑으로 떨어지기 때문에 갈라지기 쉬운 곳이다.

* P존 영역에 염모제 도포할때 주의해야 될 것이다.

O존 영역

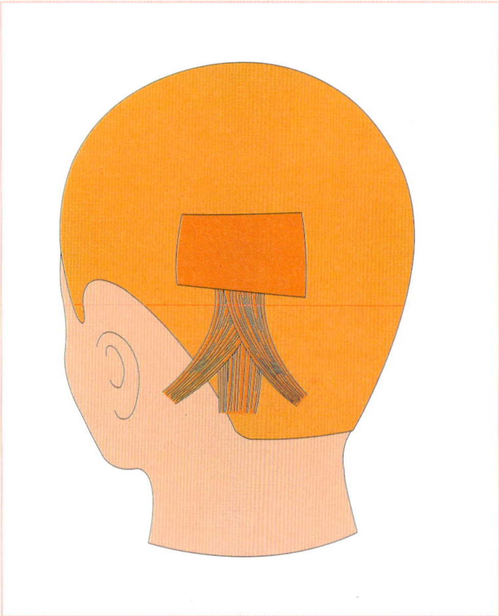

① 롱헤어가 만약에 어깨에 닿는다면 이곳에 모발이 휘어지기 시작한 곳이다.
② 이곳은 위에서 모발이 감추어지고 아래에서도 모발이 감추어지므로 움직임에 의해서 컬러디자인이 표현되는 보조적인 존이다.
③ 이곳은 윗 모발이 약하고 아래 모발이 강하기 때문에 모발이 안쪽으로 휘는 힘보다 밖으로 향하는 힘이 강하다. 머리끝을 바깥쪽으로 향하게 하기 쉽다.
④ 길이에 따라 컬러디자인 표현이 다르게 연출되는 곳이다.

H존 영역

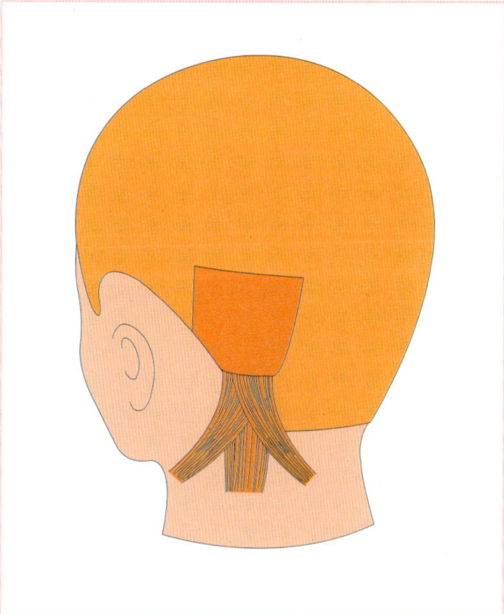

① 헤어스타일에서 선을 결정하는 중요한 부분이다.
② 모발은 굵고 탄력이 있고 모량이 가장 많다. 모류가 아래로 향해 있어 진동폭이 적어 모발의 움직임이 어렵다.
③ H존 부위와 T존 부위를 의식하고 컬러디자인을 해야 한다.
④ 길이가 짧아지면 컬러 표현이 되고, 윗모발의 모발이 길면 컬러 표현이 어렵다.
⑤ 롱헤어일 경우 모발의 겹침이 가장 많다. 이곳에 표면을 어떻게 처리할 것인지를 결정한다.

앞머리 영역

① 모류가 강한 부분과 경사진 부분을 구분한다.
② 디자인 표정을 만드는 곳이다.
③ 두상 윗부분은 모발이 휘어지기 쉽고 함몰된 부분은 모발이 아래로 떨어진다.
④ 골격형상에서 C.L선에서 갈라짐이 쉽게 생긴다.
⑤ 앞머리 표정은 삼각형 파팅을 떠서 다른 모발과 어우러짐이 자연스럽다.

옆선 영역

① 앞쪽으로 경사 각도가 강하기 때문에 앞쪽으로 움직이기 쉬운 반면 뒤쪽으로 움직이기는 어렵다.

② 모질이 다른 존에 비해 가늘고 모량이 적은 곳이며 모류가 불규칙적이므로 얼굴 디자인을 표현하는데 주위가 필요한 곳이다.

③ 얼굴의 윤곽에서 형태를 결정하므로 컬러디자인을 잘 이용하면 인상을 바꿀 수 있다.

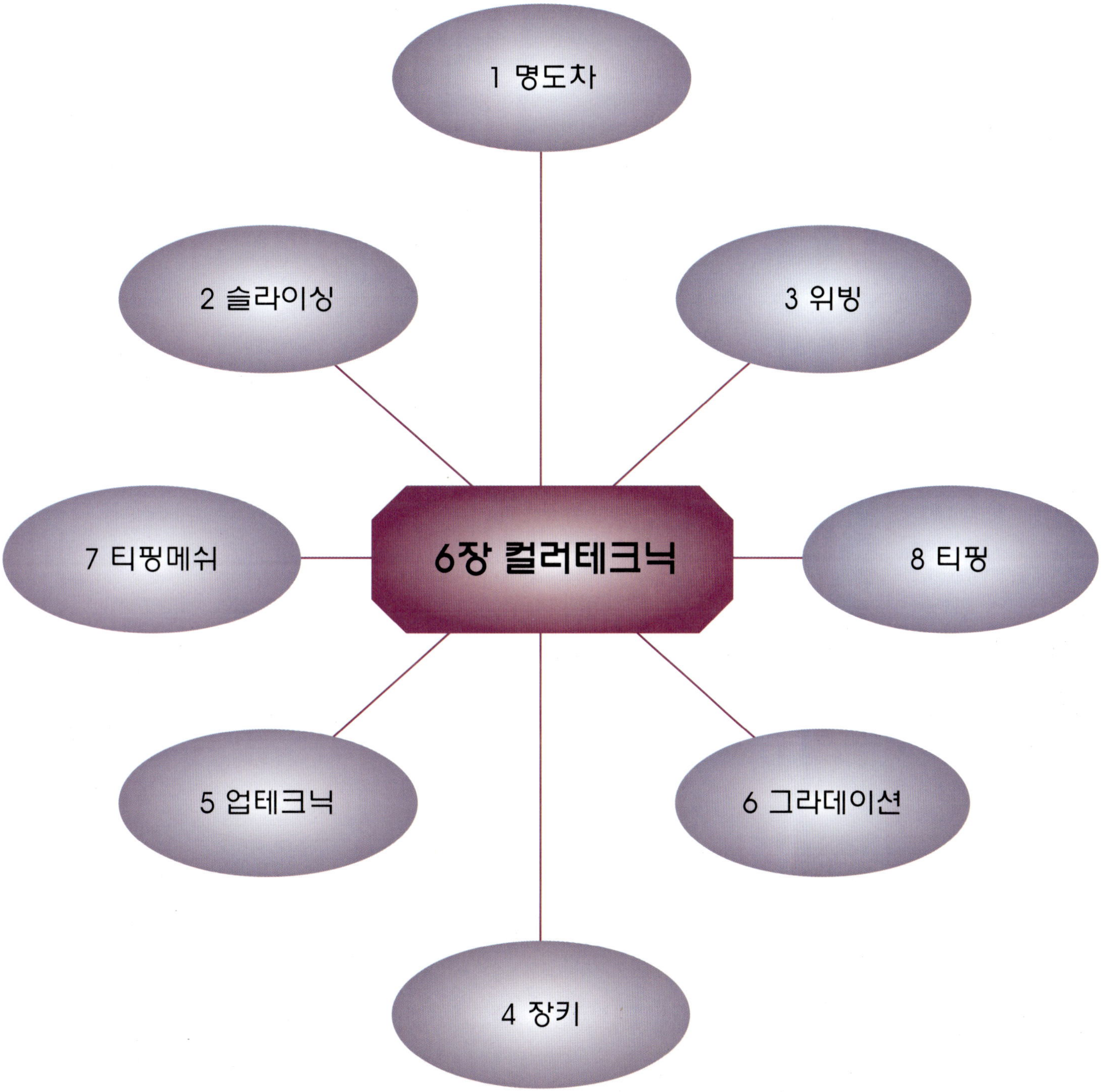
1 명도차
2 슬라이싱
3 위빙
7 티핑메쉬
6장 컬러테크닉
8 티핑
5 업테크닉
6 그라데이션
4 장키

1. 명도차

밝게 하는 이유

- 볼륨을 더욱 줄 수 있다.
- 가벼운 느낌을 연출할 수 있다.
- 좁은이마를 넓게 보일 수 있다.
- 키를 크게 보이게 할 수 있다.

어둡게 하는 이유

- 볼륨을 줄일 수 있다.
- 머리숱이 많아 보이도록 표현할 수 있다.
- 넓은 이마를 좁게 할 수 있다.
- 밝은 눈동자를 강조할 수 있다.
- 키가 작아 보이게 할 수 있다.

명도차를 이용하여서 얼굴형을 보정할 수 있다.

둥근형

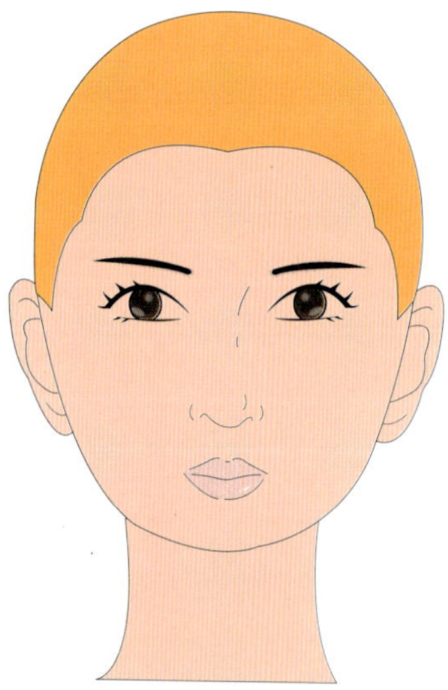

T.P부분이나 이마부분에 밝게 처리하여 얼굴형을 보정한다.

긴 형

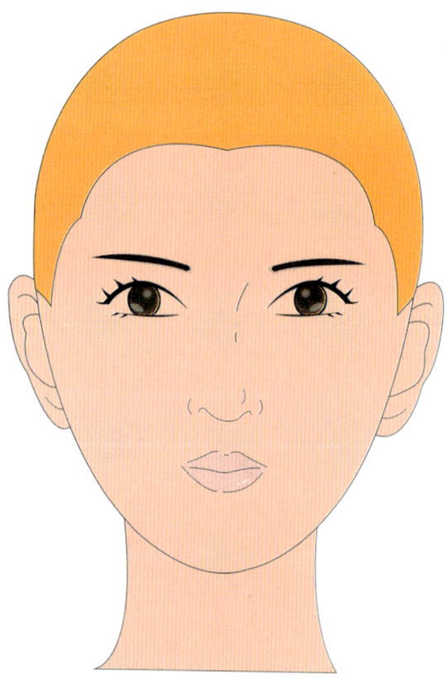

양쪽에 하이라이트를 주고 T.P에 어두운색으로 보정한다.

교재에서는 색깔 표현이 어려워 많은 명도차를 주었으나 살롱에서 고객에게는 1톤의 명도차나 2제 과산화수소 9%, 6%, 3% 차이만으로도 영역을 나누어 시술하게 되면 홈케어를 하지 않고 미용실에서 컬러디자인을 하게 된다.

1) 인크리스레이어(두상존 컬러 디자인 표현하기)

(1) 비스듬한 사선 슬라이스로 블로킹을 나누어 명도차를 준다(10레벨, 7레벨, 3레벨).

롱에어에 가장 효과적이다(인크리스 레이어).

① 스트레이트 상태의 컬러의 느낌

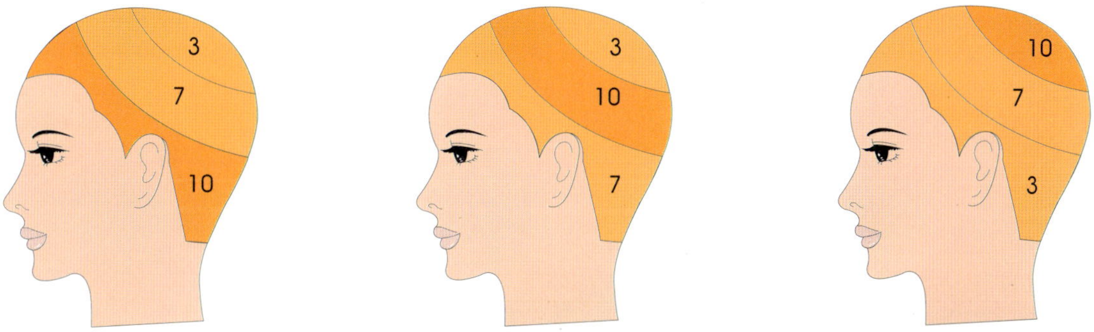

강조하고 싶은 부분에 따라 브록킹영역은 더 늘리기도 하고 줄이기도 한다.

② 웨이브상태의 컬러의 느낌
비스듬한 사선 슬라이스로 명도차를 준다(10레벨, 7레벨, 3레벨).

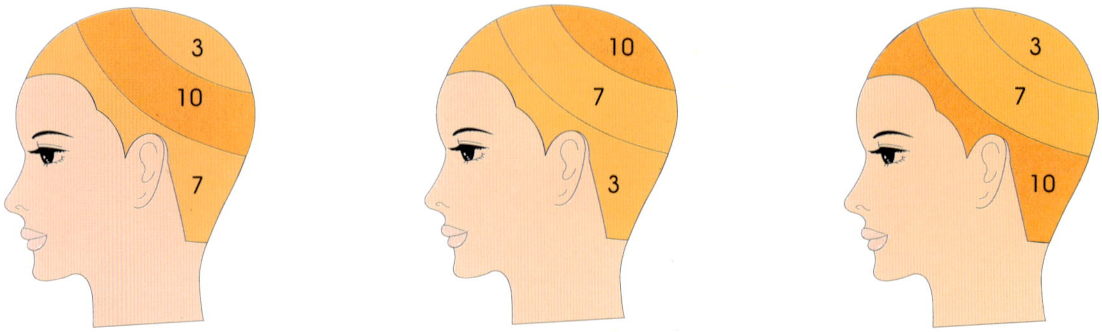

롱 헤어 컬러디자인 시술시 움직임이 있을때마다 색깔의 표현이 다르다.
브록킹을 떠서 3파트의 명도차는 인크리스레이어에 활용하면 좋다.
강조하고 싶은 부분이나 축소하고 싶은 부분에는 브록킹을 조절하여 시술하면 여러가지 컬러디자인을 표현할 수 있다.

인크리스레이어 상태에서는 율동감에 따라 컬러의 느낌이 달라지고 명도레벨의 차이에 따라 얼굴형보정과 모류의 보정에 이용하기도 한다.

여기에서는 명도 레벨차이를 많이 주었지만 고객에게는 1~2레벨 정도의 차이로 시술하면 좋다. 혹은 2제 과산화수소만 바꾸어도 느낌이 다르다(9%, 6%, 3%).

강조하고 싶은 부분에는 영역을 늘리고, 축소하고 싶은 부분에는 영역을 적게 브록킹을 타서 시술하면 컬러디자인을 많이 활용할 수 있다.

(2) 두상의 곡면대로 브로킹을 나누어 명도차를 준다(10레벨, 7레벨, 3레벨).

① 스트레이트 상태의 컬러 디자인.

보브스타일이나 인크리스레이어에 활용하면 예쁘게 표현된다.

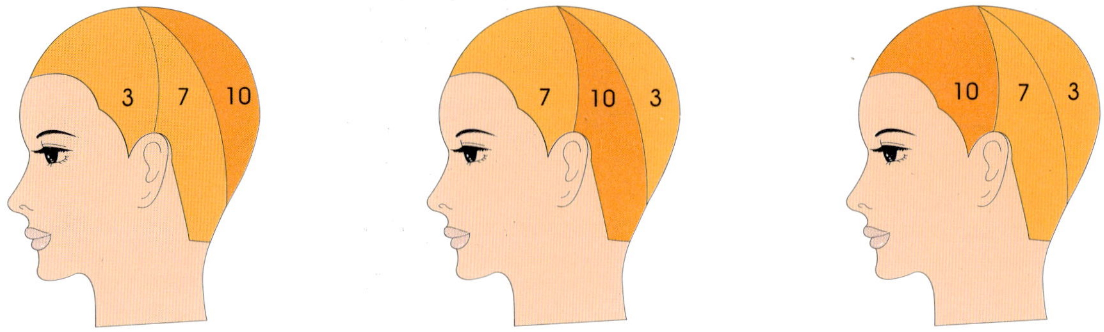

② 웨이브상태의 컬러디자인.
포인트 점을 정한 후 두상의 곡면대로 브록킹을 나누어 명도차를 준다(10레벨, 7레벨, 3레벨)

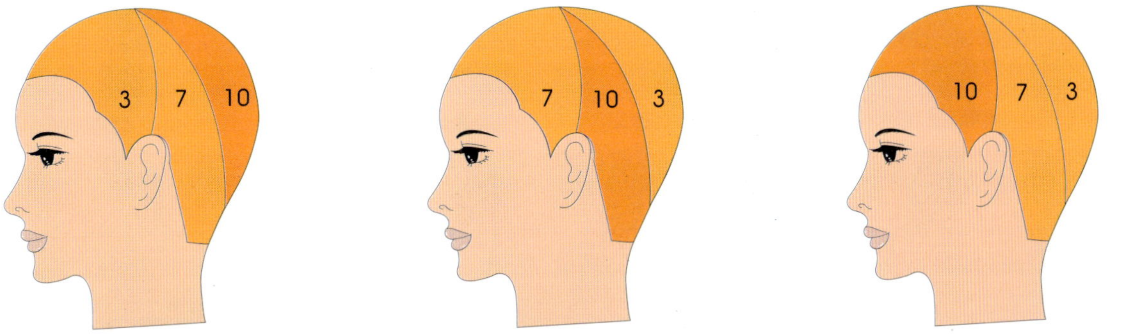

곡면으로 브록킹을 나눈경우 떨어진 모발의 상태에 따라 컬러디자인이 달라진다. 자연스럽게 컬러가 믹서되어 자연스럽다.

브록킹 영역을 조금더 늘리고 줄이면 또다른 표현이 된다.

(3) 두상을 가로존으로 나누어서 명도차를 준다(10레벨, 7레벨, 3레벨).

그래쥬에이션 스타일 키높이 보정에 활용하면 좋다.

① 스트레이트 상태의 컬러 디자인.

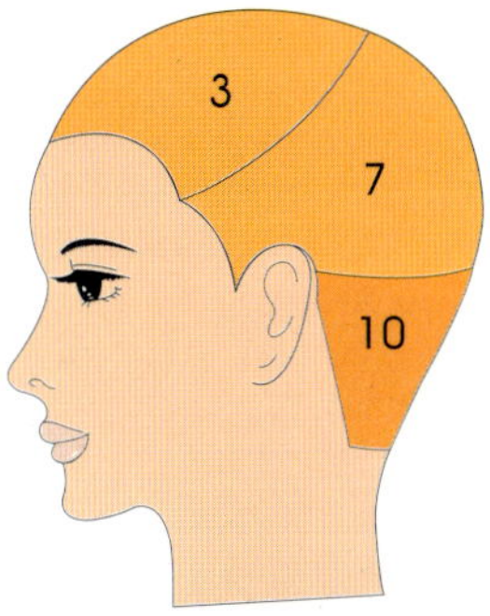

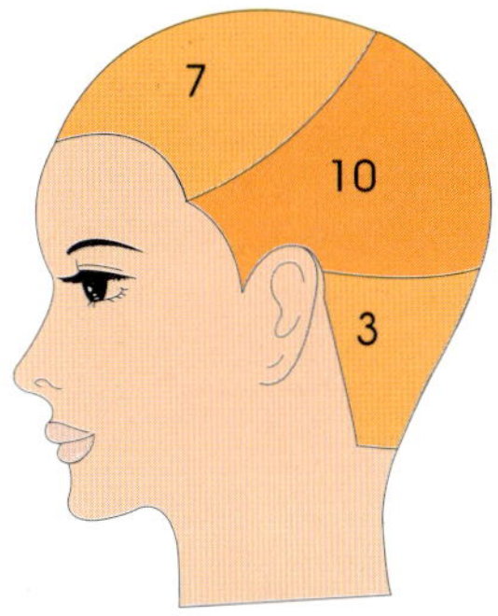

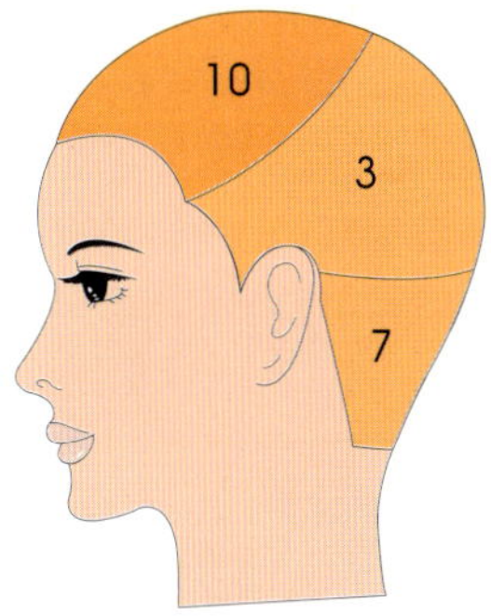

두상의 오버섹션영역은 모발이 흩어져서 양이 더 많아 보인다. 오버섹션영역을 조금만 뜨고 언더섹션영역을 늘려서 시술하면 그래쥬에이션형에 많이 활용할 수 있다.

② 웨이브상태의 컬러 디자인

두상을 가로존으로 나누어서 명도차를 준다(10레벨, 7레벨, 3레벨).

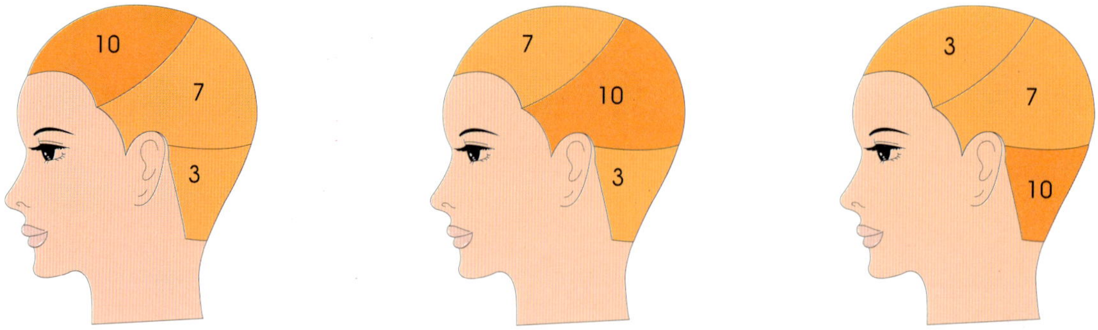

두상의 가로존영역을 늘리기도하고 줄이기도 하면서 컬러디자인을 표현한다.

가로로 브록킹을 나눌경우에는 두상이 곡면이기 때문에 선의 연결이 자연스럽지 못하고 층폭이 많은 경우에는 더욱 심하다. 층폭이 적은 스타일이나 그래쥬에이션 형에 활용하면 좋다.

2) 그래쥬에이션(두상존 컬러 디자인 표현하기)

(1) 두상의 곡면대로 브록킹을 나누어 명도차를 준다(10레벨, 7레벨, 3레벨).

보브 스타일에 활용하면 좋다.

① 스트레이트 상태의 컬러 느낌

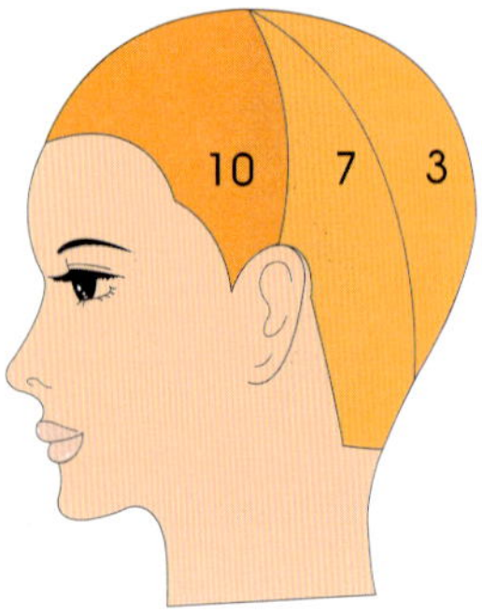

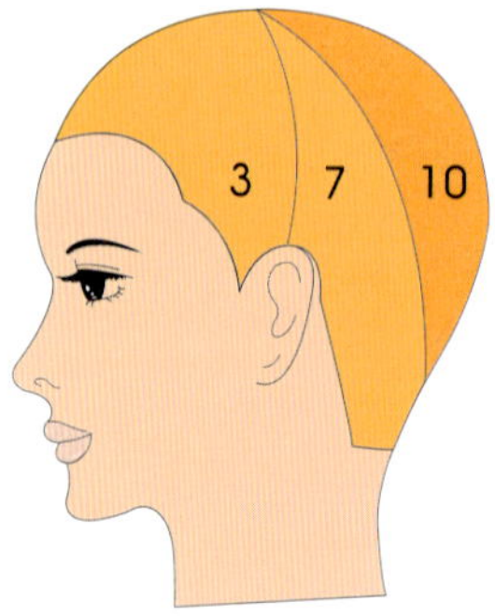

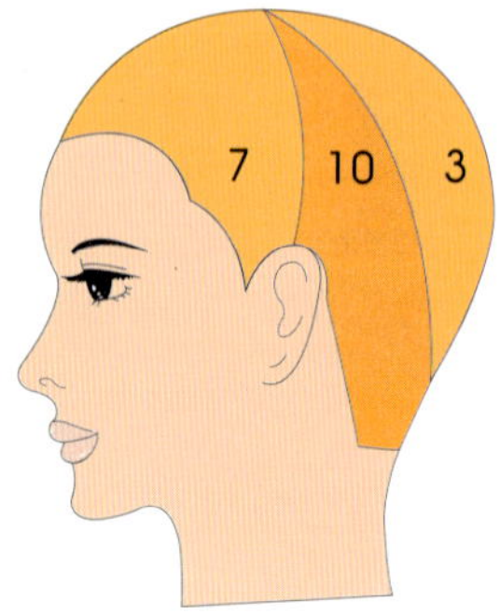

② 웨이브 상태의 컬러 디자인.
두상의 곡면대로 브록킹을 나누어 명도차를 준다(10레벨, 7레벨, 3레벨).

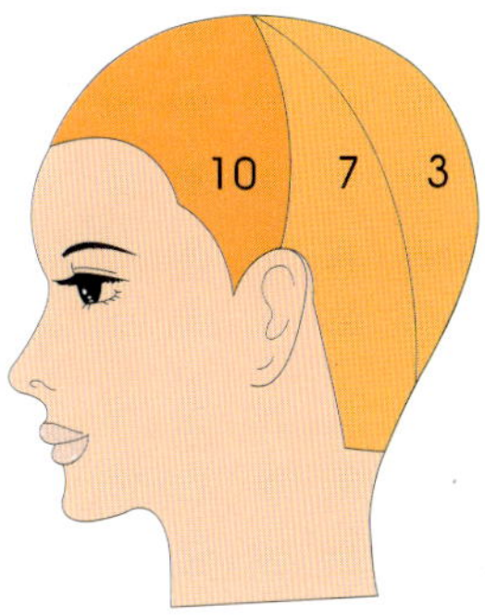

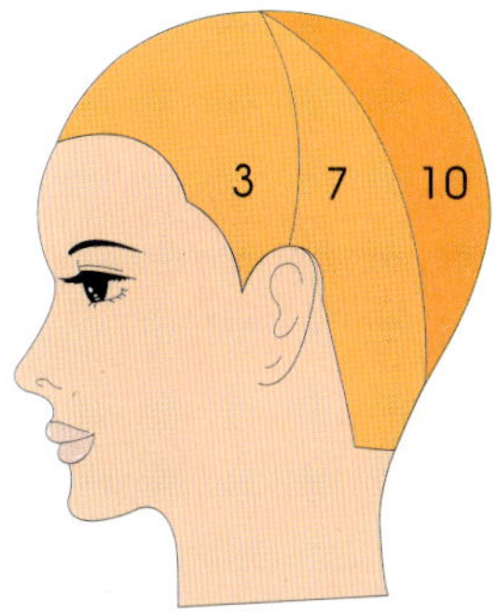

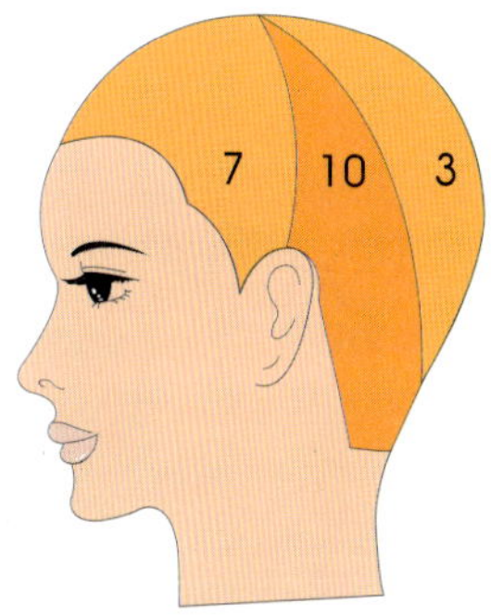

두상의 곡면 브록킹을 강조하고 싶은 부분은 더 늘리기도 하고 줄이기도 하여 컬러디자인을 표현한다.

턱선에서 시작해서 어깨선까지의 길이의 미디움에서는 곡면을 이용하여 브록킹을 타서 3가지의 명도차를 두어 컬러디자인을 연출하면 두상의 움직임이 있을 때마다 변화되는 컬러디자인을 연출할 수 있다.

웨이브가 만들어져 3명도차가 섞어지면 모속감이 많이 생겨서 깊이감을 강조할 수 있다.

(2) 비스듬한 슬라이스로 블로킹을 나누어서 명도차를 준다(10레벨, 7레벨, 3레벨).

① 스트레이트한 질감의 컬러디자인

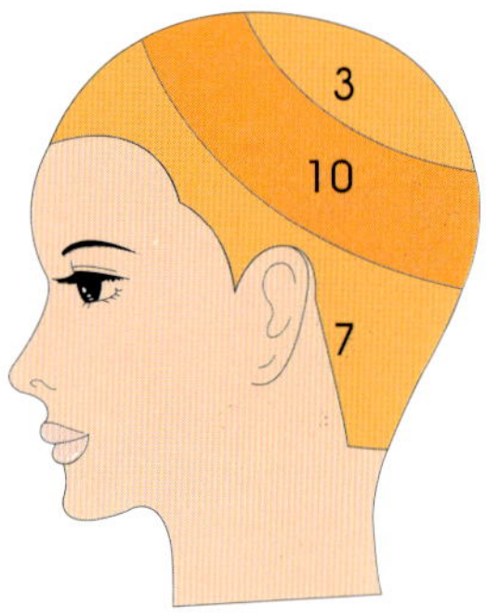

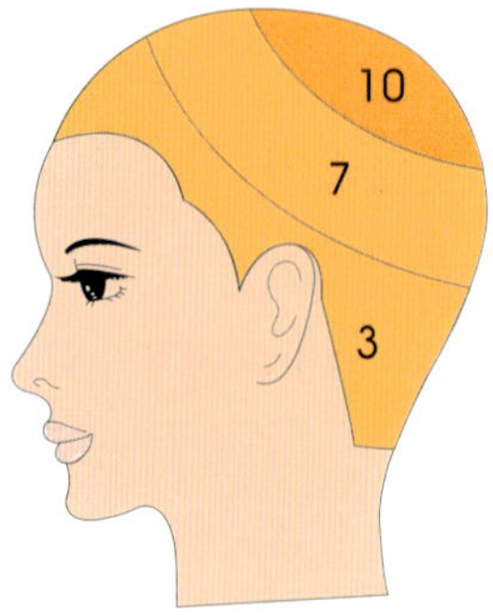

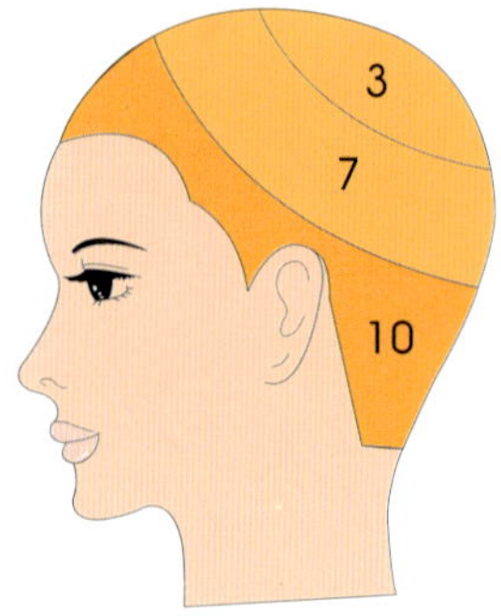

② 웨이브상태의 컬러 디자인.
비스듬한 슬라이스로 브록킹을 나누어 명도차를 준다(10레벨, 7레벨, 3레벨).

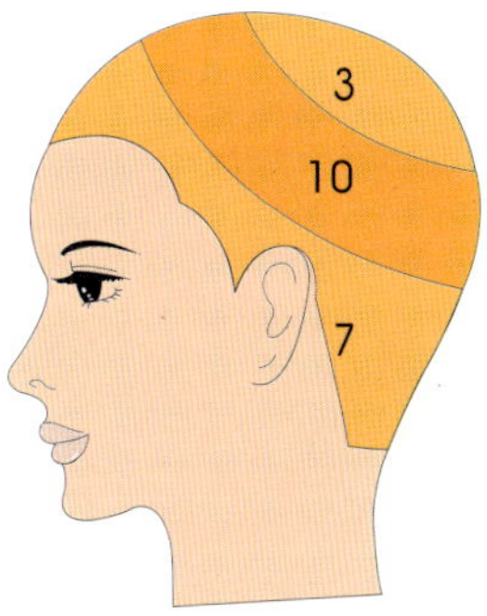

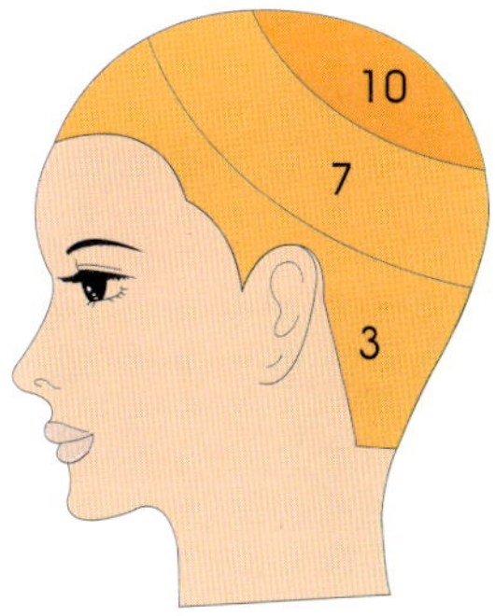

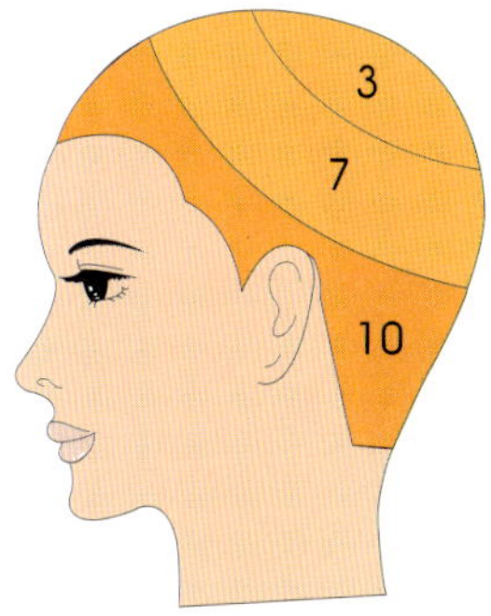

세로 느낌의 비스듬한 슬라이스로 3섹션을 나누어 명도레벨을 달리하면 떨어지는 모발이 없어 인크리스레이어 보다는 효과가 없고 또 모류가 강하면 뭉치는 단점이 있다.

입체감이나 모속감을 주고자 할때나 명도레벨차를 적게두어 골격보정이나 얼굴형을 수정하고자 할때 이용하면 좋다.

(3) 가로 슬라이스로 3단계 명도차를 준다(10레벨, 7레벨, 3레벨).

슬라이스 폭을 이용하여 보브 스타일에 이용하면 효과적이다.

① 스트레이트한 질감의 컬러 디자인.

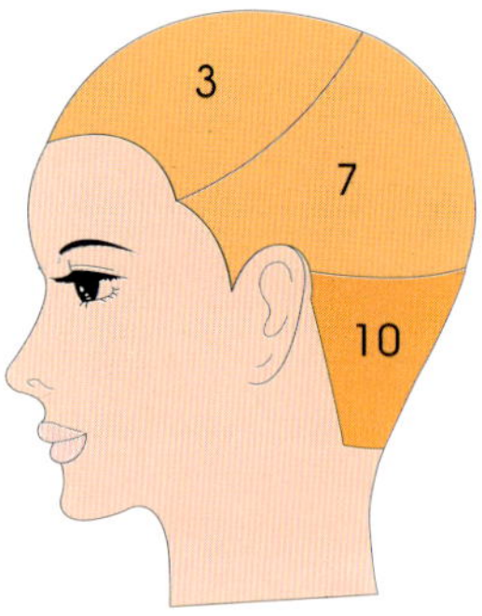

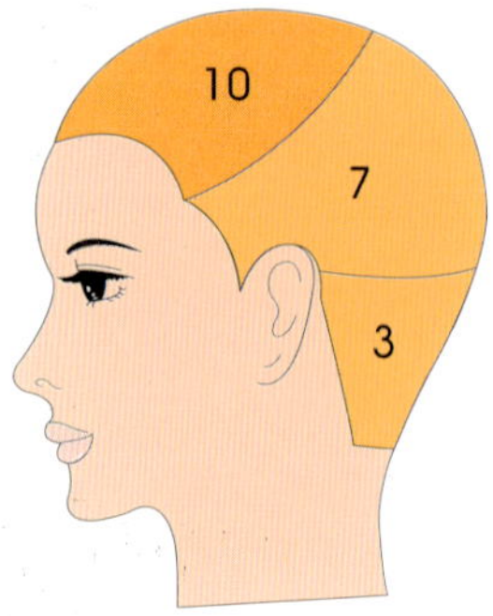

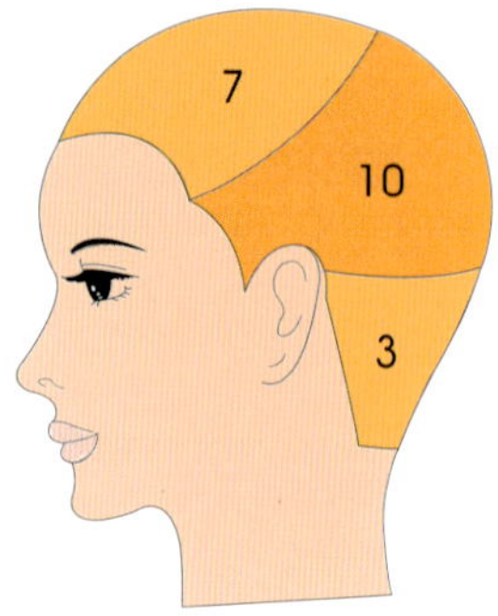

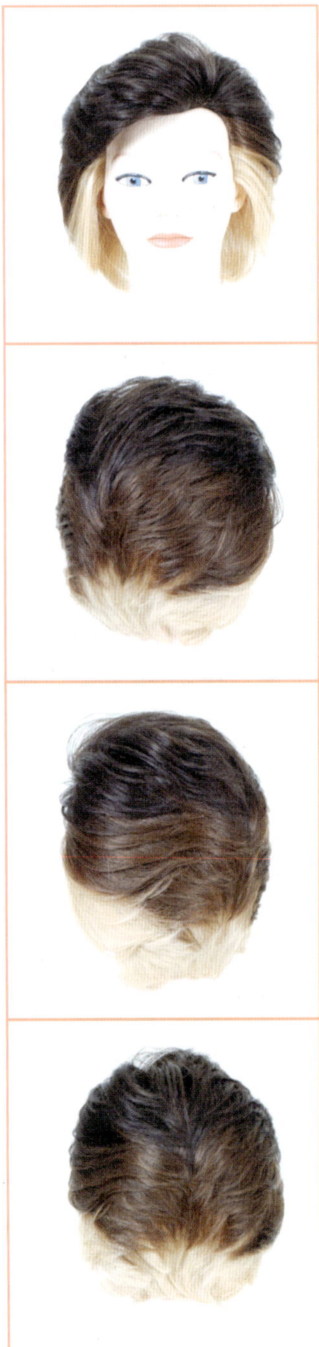

② 웨이브상태의 컬러 디자인.

가로 슬라이스로 3단계 명도차를 준다(10레벨, 7레벨, 3레벨).

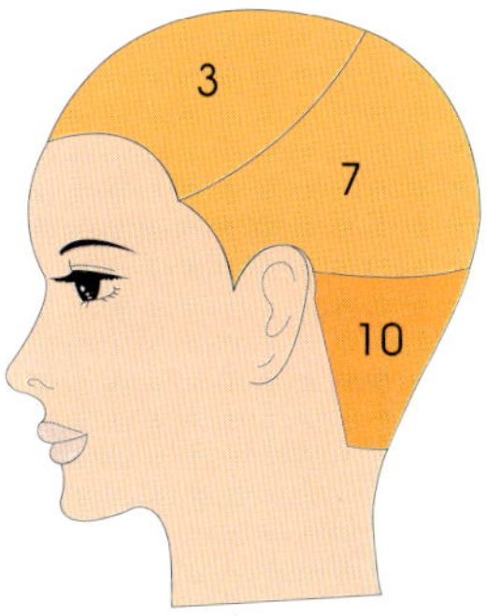

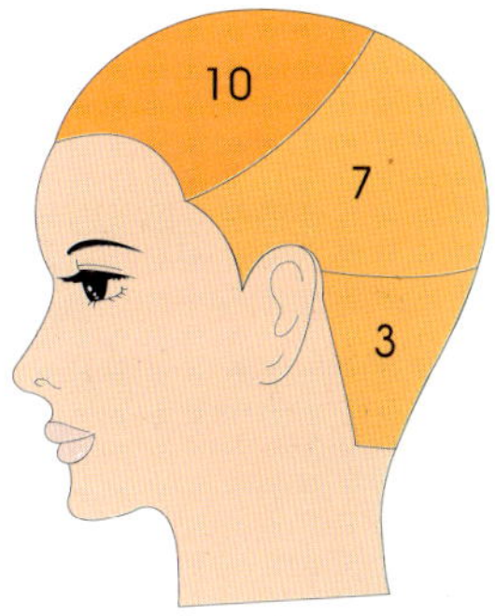

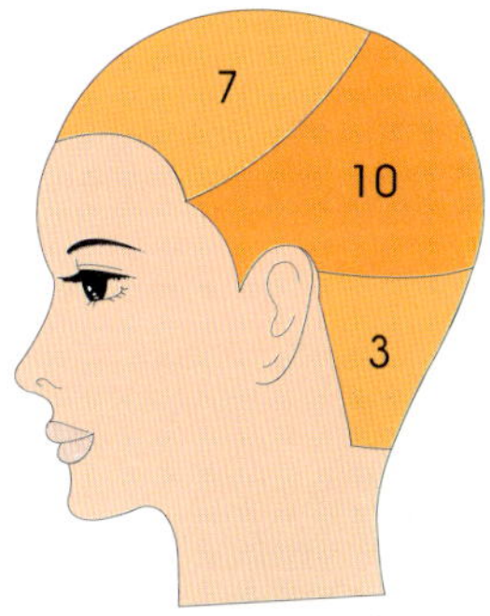

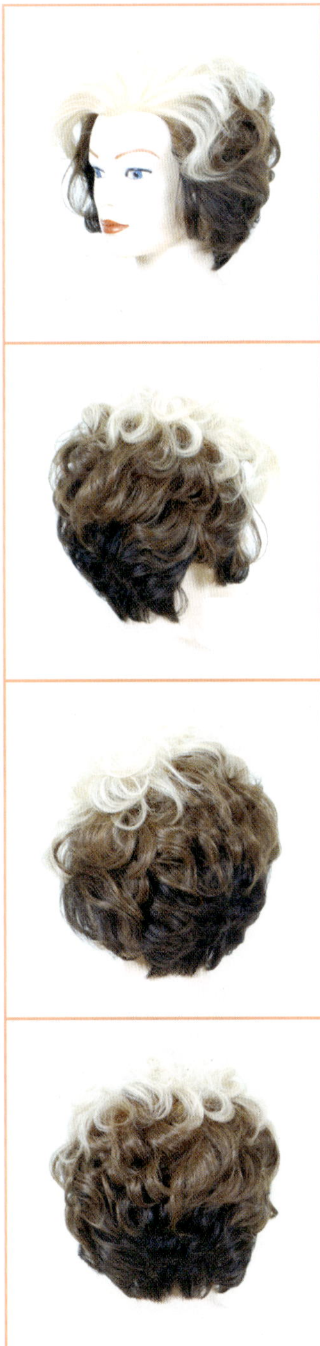

가로슬라이스는 아랫 방향 일수록 모량도 많고 형태가 나타난다. 여기에서는 균일하게 3등분을 나누었지만 컬러디자인에 이용할 경우 언더섹션 영역은 많이 잡고 오버섹션 영역에 슬라이스폭을 조금만 뜨면 안정감 있는 보브스타일을 효과적으로 연출할 수 있다.

가로슬라이스는 아랫 방향 일수록 모량도 많고 형태가 나타난다. 여기에서는 균일하게 3등분을 나누었지만 컬러디자인에 이용할 경우 언더섹션 영역은 많이 잡고 오버섹션 영역에 슬라이스폭을 조금만 뜨면 안정감 있는 보브스타일을 효과적으로 연출할 수 있다.

2. 슬라이싱(Slicing)

한면이 표현되는 기법
두께와 섹션에 따라 다양한 이미지 연출
→ 수평선, 수직선, 사선

슬라이스란 잘라낸 한 부분이라는 뜻이다.

머리다발을 작고 얇게 뜬 후 그 상태에서 헤어 컬러를 넣는 테크닉으로 라인이 강조된다. 위빙보다 컬러가 확실히 살아나면서 머리 전체에 염색하고 싶지 않은 경우나 U라인 영역에서 많이 활용한다.

두상곡면에 슬라이싱을 활용한 예

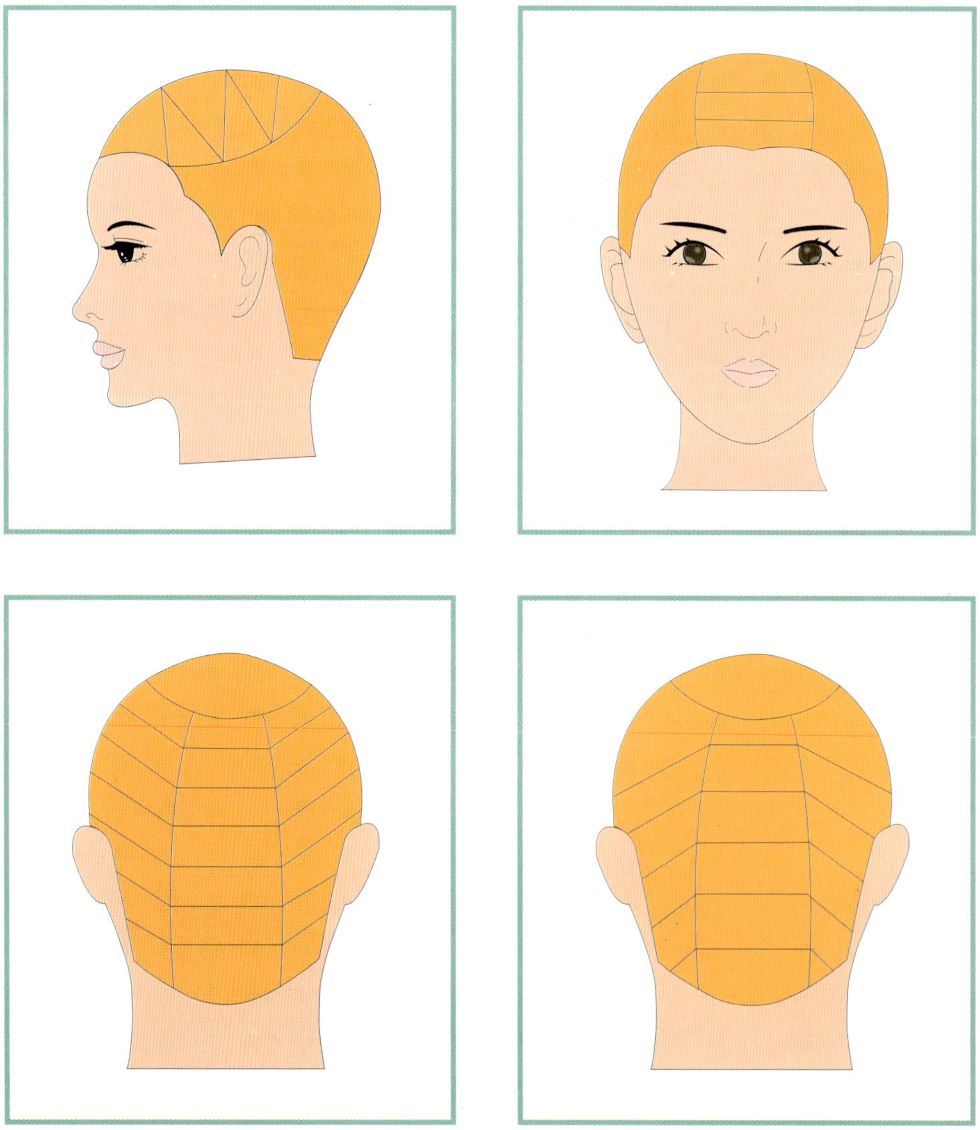

1) 산성컬러와 슬라이스 테크닉

슬라이싱 테크닉을 이용하여 하이라이트를 시술한 상태

하이라이트를 시술한 모발을 코팅제를 도포해 놓은 상태

두상을 브록킹으로 나누어서 2cm 간격으로 슬라이스 판넬로 떠서 발색을 시킨후 전체적인 모발을 코팅으로 윤기를 주어 컬러디자인을 한다.

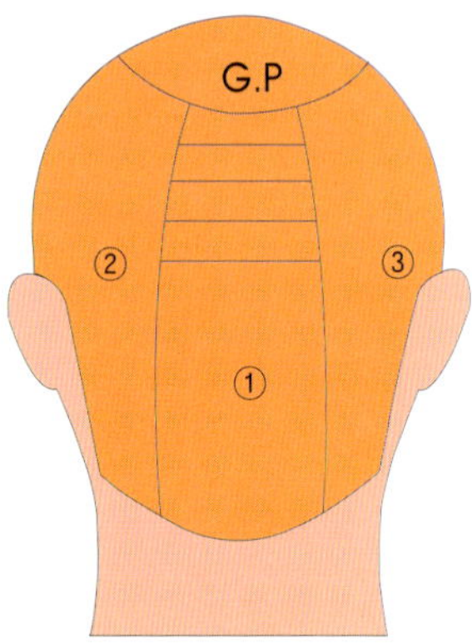

1~2. 뒷부분에 타놓는 브록킹 이다.

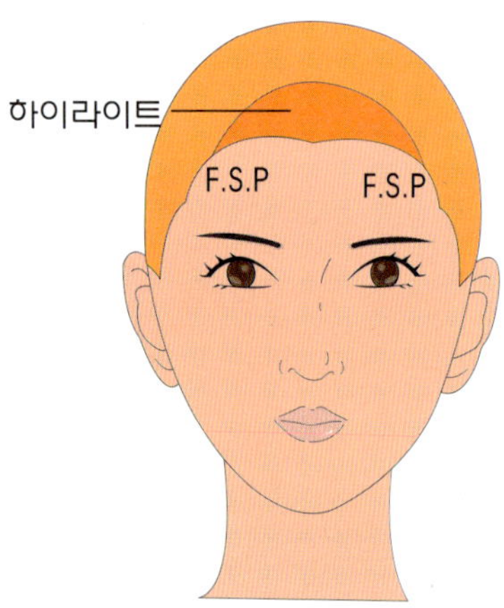

3~5. 브록킹을 타 놓은 상태이 다.

6~15. B.P에서 G.P까지는 0.5cm 간격으로 슬라이스한 후 판넬을 호일에 감싸 멜라닌색소를 뺀다(이때 간격은 2cm씩 띄운다).

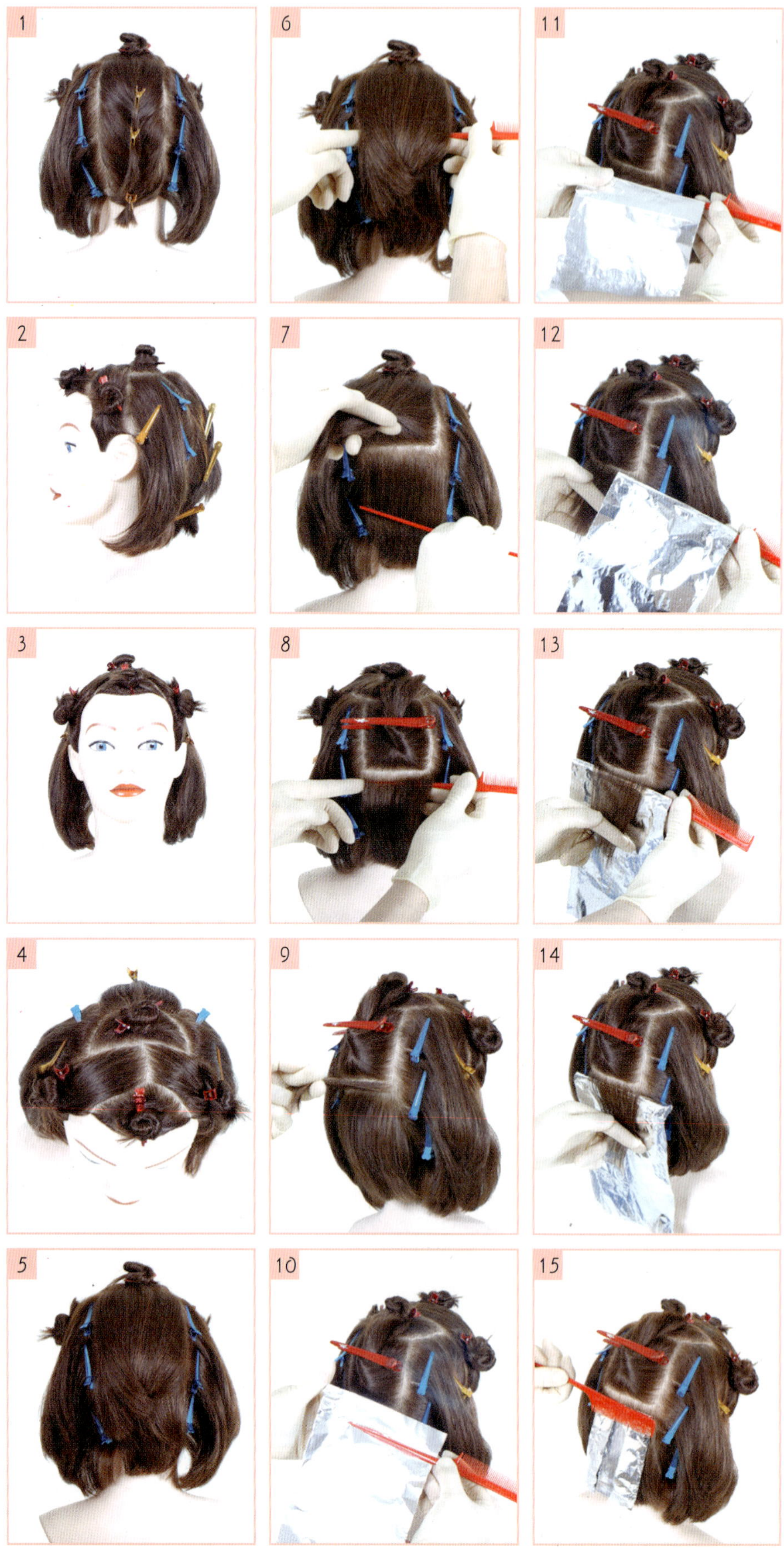

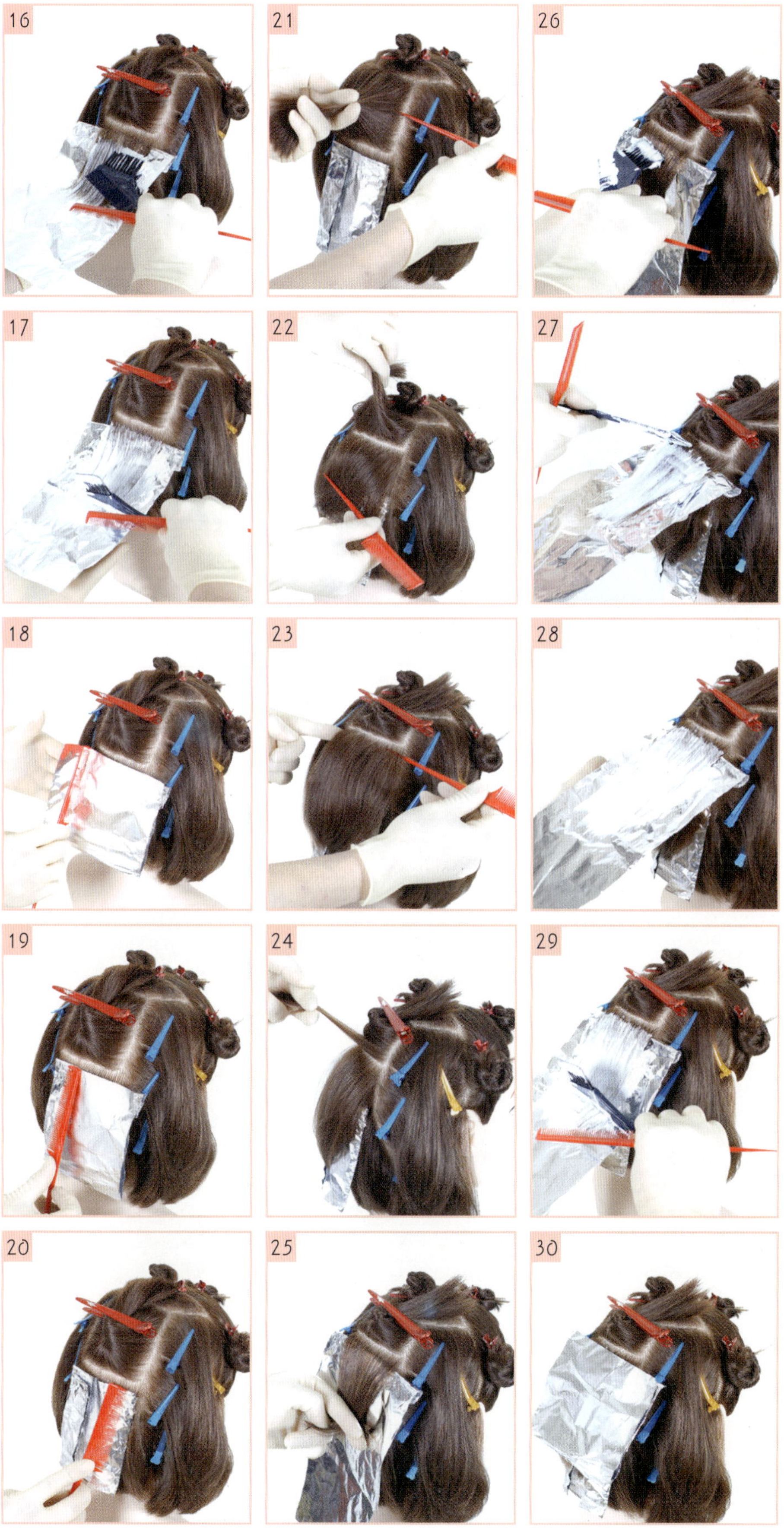

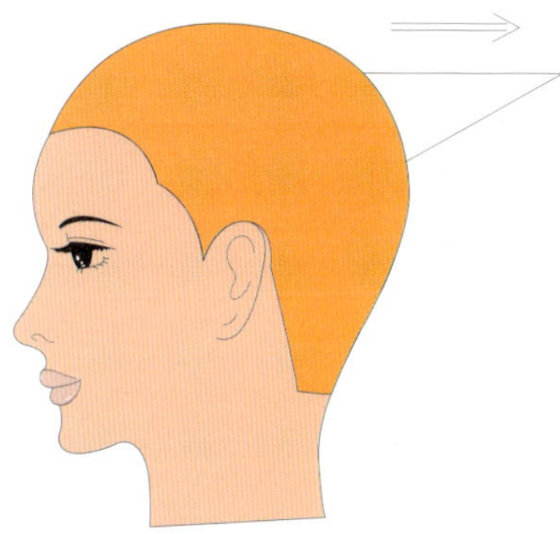

붓을 눕히고 세워가면서 컬러제의 양으로 균일한 색상을 만든다.

16~20. 처음에 2~3cm 간격을 띄워 붓을 눕혀서 도포한 후 뿌리부터 모발 끝까지 전체적인 모발에 균일하게 도포한다.

21~24. 2~3cm 간격에 5mm의 슬라이스 판넬을 뜬다.

25. 슬라이스판넬의 모발을 호일위에 얹는다.

26~30. 처음에 2~3cm 간격을 띄워 붓을 눕혀서 도포한 후 뿌리부터 모발끝까지 전체적인 모발에 균일하게 도포한다. 두피 부분에는 붓을 세워서 염모제 양을 적게하여 도포한다.

31~45. 슬라이스 판넬은 뿌리부터 모발끝까지 균일한 색상을 얻을수 있도록 도포해야 한다.
양을 많이 도포할 곳은 붓을 눕혀서, 적게 도포할 곳은 붓을 세워서 도포한다.

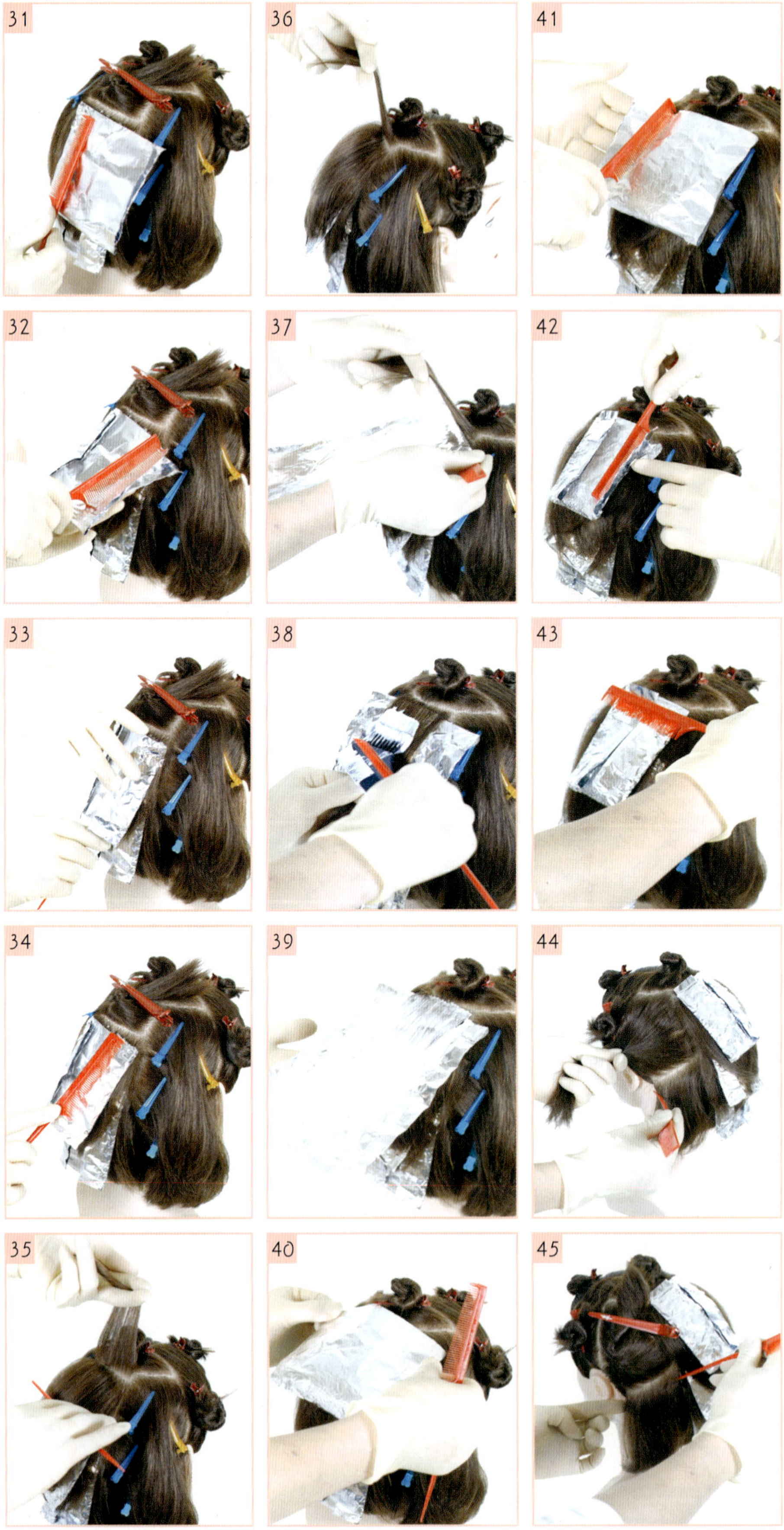

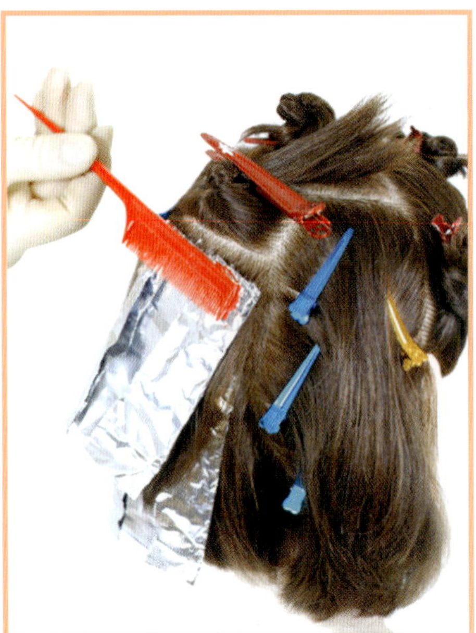

46

47

48

49

50

51
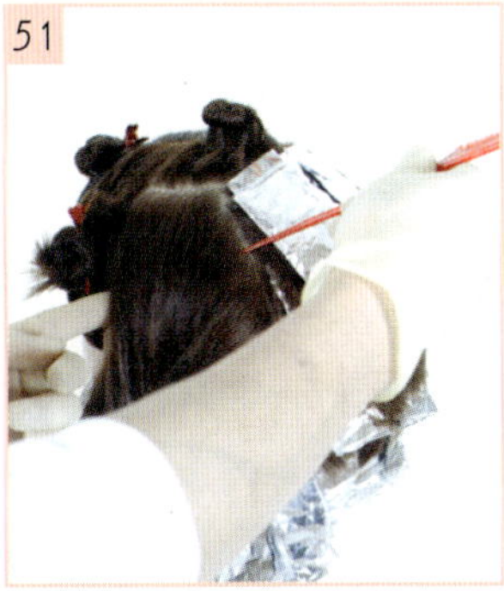

52
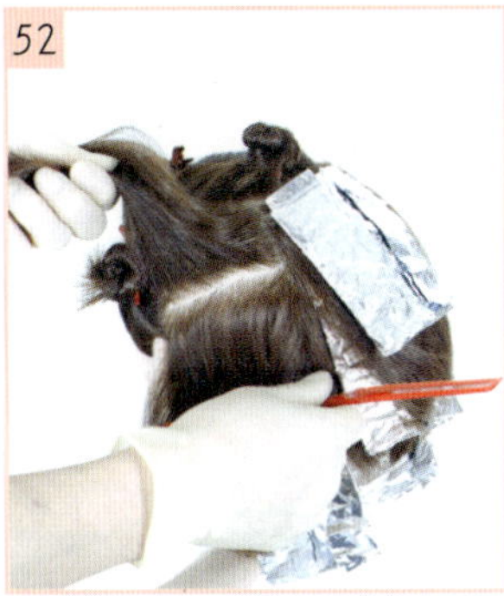

53
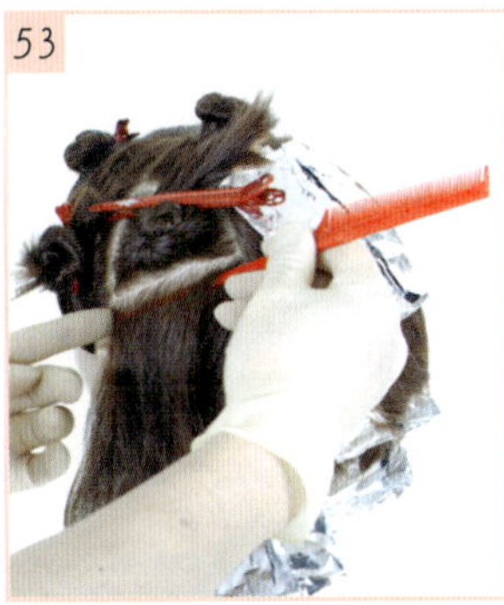

54

55
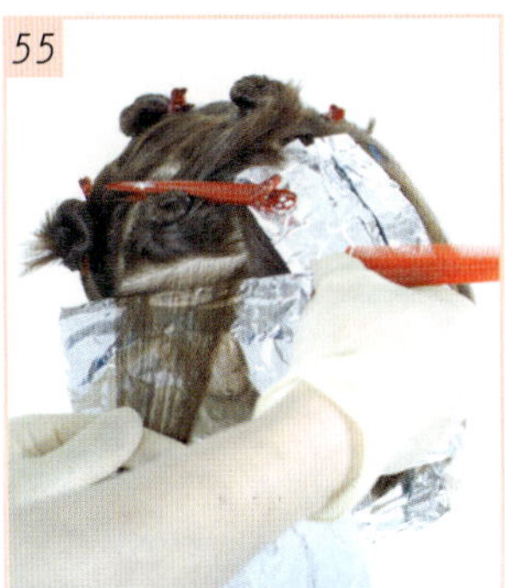

56

57

58

59

60
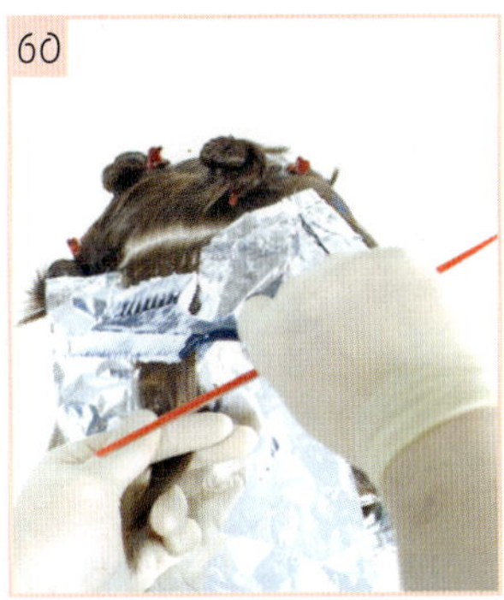

하이라이트

하이라이트는 '눈에 띄다' 밝은 부분의 광채를 의미하는 영어이다.

컬러링에서는 부분적으로 선택한 모발을 밝게 만드는 것을 의미한다.

색의 명암을 확실히 살려서 단색 염모만으로는 부족하기 쉬운 머리의 움직임, 입체감, 부드러움을 연출하게 된다.

46~50. 2cm 간격에 0.5cm 슬라이스를 떠서 하이라이트 상태로 시술한다.

61
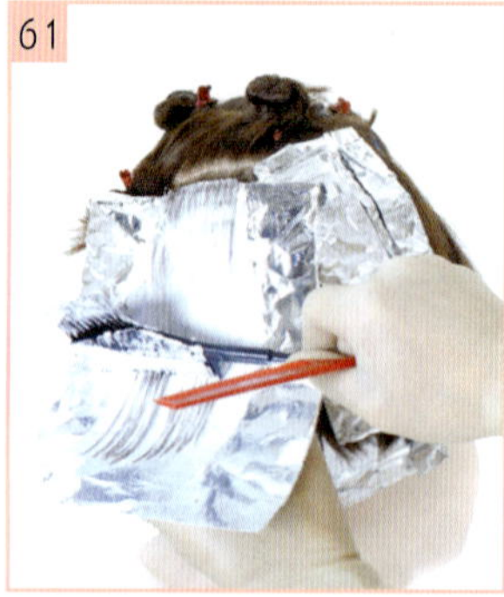

62

63

64
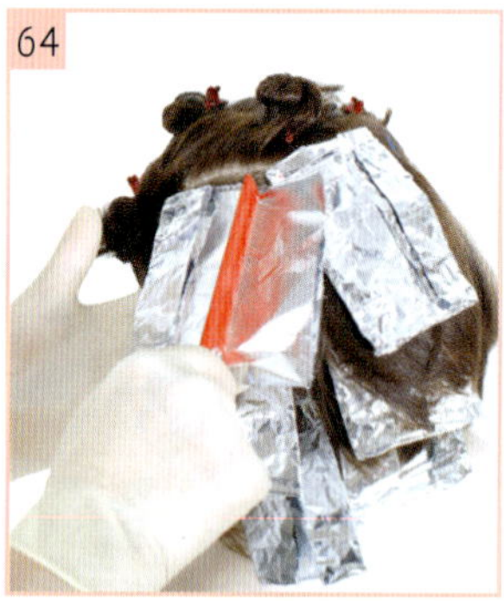

65

66

67

68

69
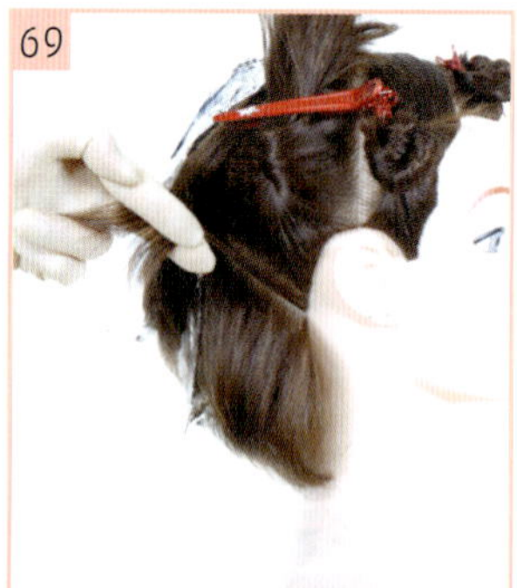

70
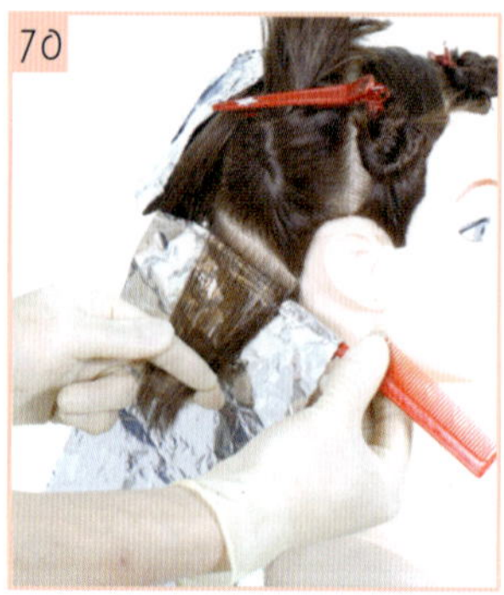

71

72

73

74

75
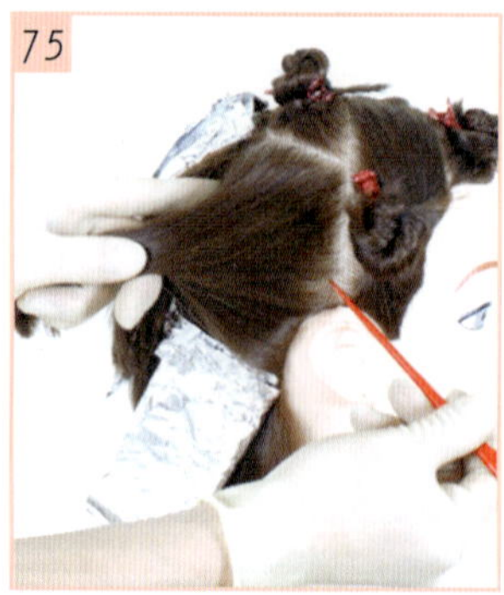

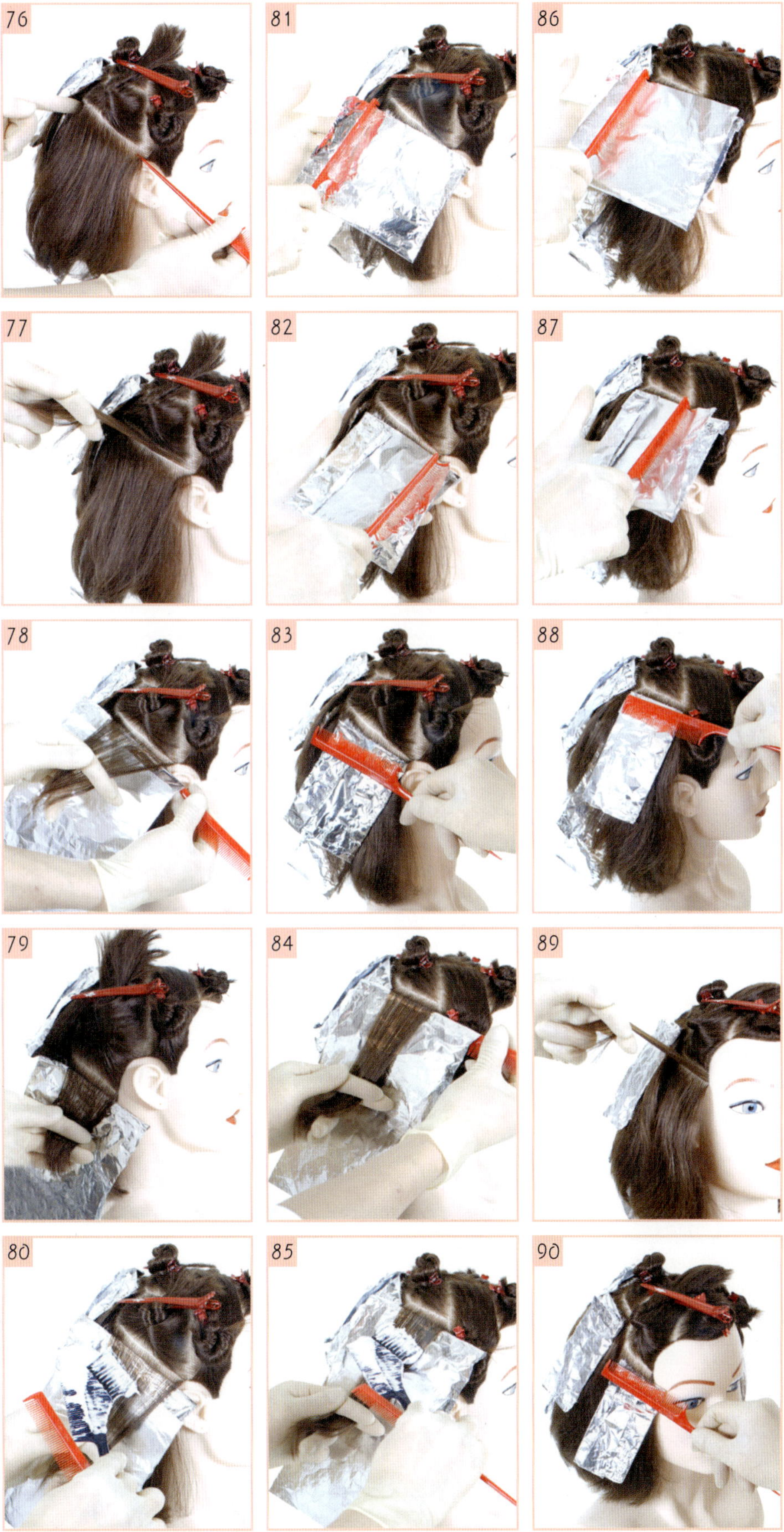

하이 블리치

산성 컬러 헤어 메니큐어로 선명한 색을 살리고 싶을때 우선 블리치하여 멜라닌 색소를 빼서 명도를 높여야 한다. 하지만 통상적인 블리치로는 갈색이나 붉은 가운이 남아 그 다음에 시술할 컬러가 깨끗이 먹히지 않기 때문에 처음부터 블리치로 백색에 가깝게 탈색을 해주어야 한다. 2제의 농도를 높혀서 시술하면 좋다. 백색에 가깝게 블리치한 상태를 하이블리치 상태라고 한다.

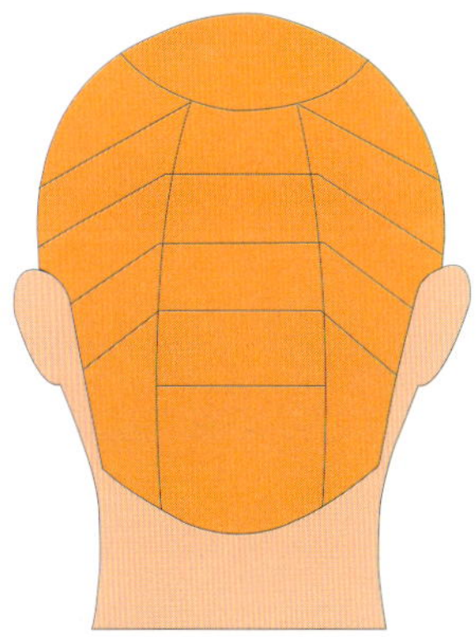

슬라이스를 뜨는 방향

B.P 아래는 함몰되어 있기 때문에 B.P부터 시술을 하여도 N.P까지 표현이 된다.

76~90. 전대각으로 슬라이스를 2~3cm 뜬 후 판넬을 떠서 도포하여 호일로 싸서 하이블리치 상태로 시술한다.

91

96

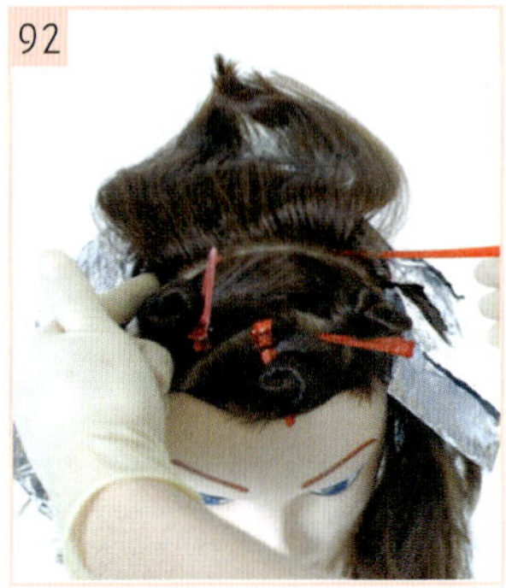
92

97

93

98

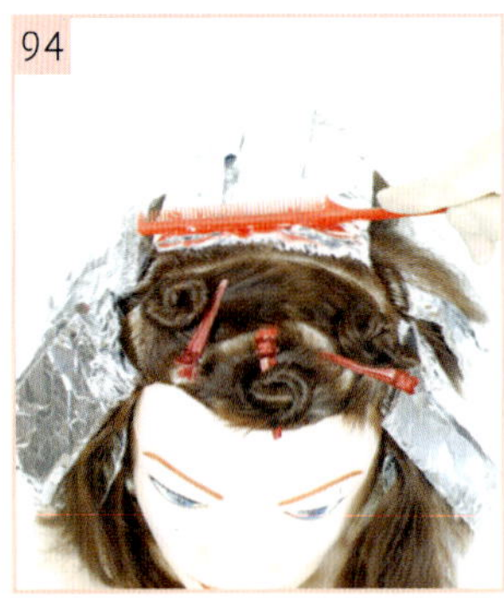
94

99

95

100

시술과정 시간(Process time)

방치시간에는 가온방치와 상온방치가 있다. 컬러링은 두피의 온도차에 의해 색감이 들어가는 상태가 다르므로 모발 전체에 균일하게 열을 전달해 주어야(온도가 올라갈수록) 컬러링의 효과가 높아진다.

컬러제 도포 후 일정시간을 방치해 두는데 이미 도포한 직후부터 화학변화는 시작된다. 따라서 염색이 빠른부분과 느린부분을 사전에 고려하여 시술하지 않으면 완성 후 얼룩이 생긴다. 테스트시 컬러링 상태가 좋지 않으면 새로 컬러링제를 도포한다.

91~100. G.P~B.P까지 2cm 간격으로 0.5cm 슬라이스 판넬을 떠서 모발에 호일을 감싼 후 프로세스 타임을 20~30분 주면서 하이 블리치 상태로 시술한다.

3. 위빙(Weaving)

위빙이란 영어로 'weave' '짜다, 엮다'의 의미이다. 스킵핑은 '빼어잡다'라는 의미로 모두 같은 테크닉이다.

유럽에서 먼저 제안된 테크닉으로 베이스 부분과 명도를 달리하여 음영효가를 내는 것이다. 슬라이스 한 패널의 머리 다발을 빗끝을 이용하여 일정한 간격으로 엮어내듯이 빼준 후 그 부분에만 컬러링하는 시술법이다. 슬라이스폭, 위빙 간격, 위빙하는 머리다발의 두께 등에 변화를 주어 컬러 디자인을 한다. 내츄럴하면서도 입체감이 살아있고 본인의 헤어 컬러도 그대로 연출되기 때문에 신생부가 자라나도 기염부와의 차이가 눈에 띄지 않는다. 또한 염색 부분이 적으므로 손상이 적다. 주로 하이라이트를 넣을때 사용한다.

① 뜨다, 짜다.
② 부분적, 전체적 연출이 가능하다.
③ 표현이 되는 폭에 따라 다양한 이미지를 연출할 수 있다.
④ 크기에 따라 다양한 느낌을 줄 수 있다.
⑤ 롱헤어는 가늘고 섬세하게 짧은 머리는 조금 더 크게 뜬다.

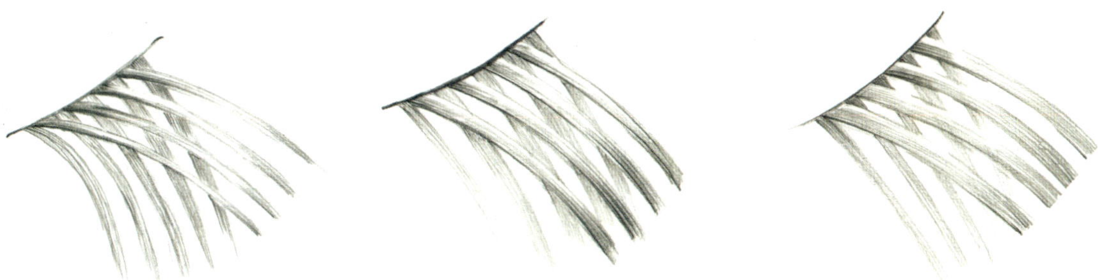

파팅(parting)에 따라 다양한 이미지를 연출함

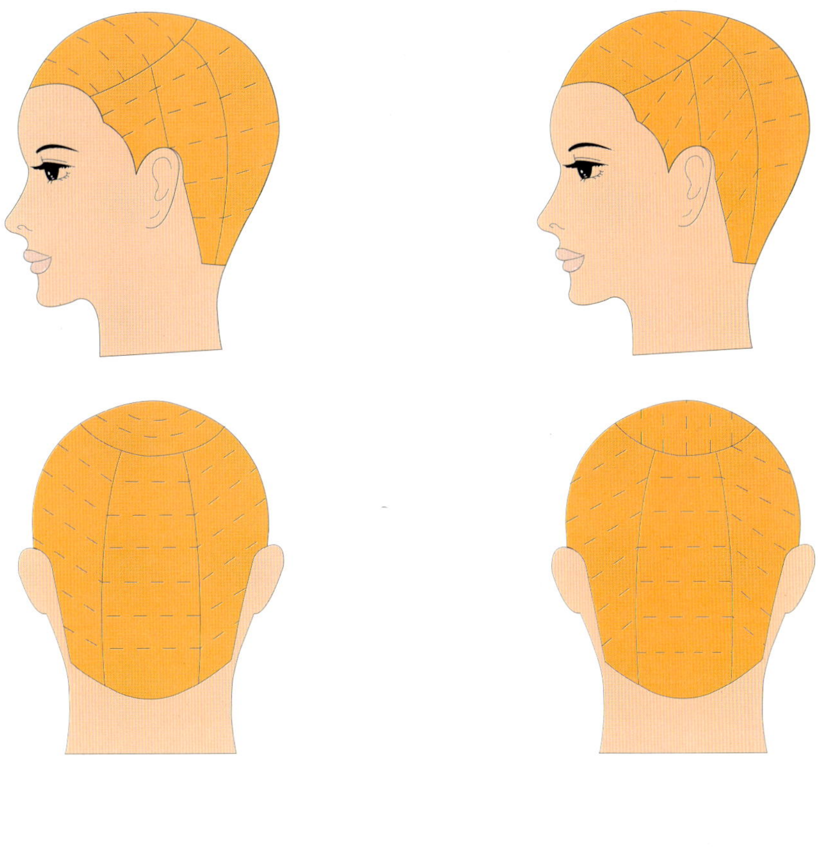

1) 위빙 테크닉

시술 전

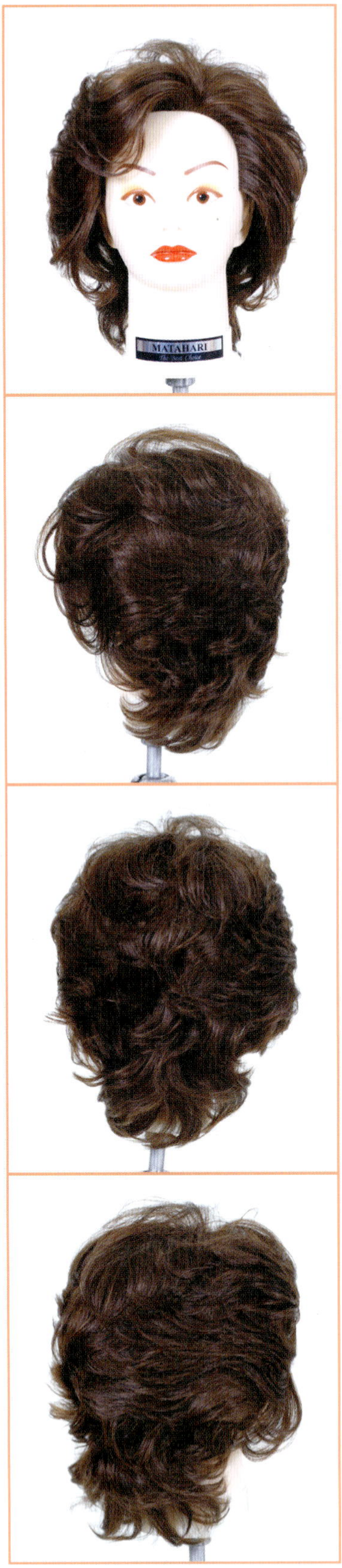

본래의 모발

매끄러운 질감

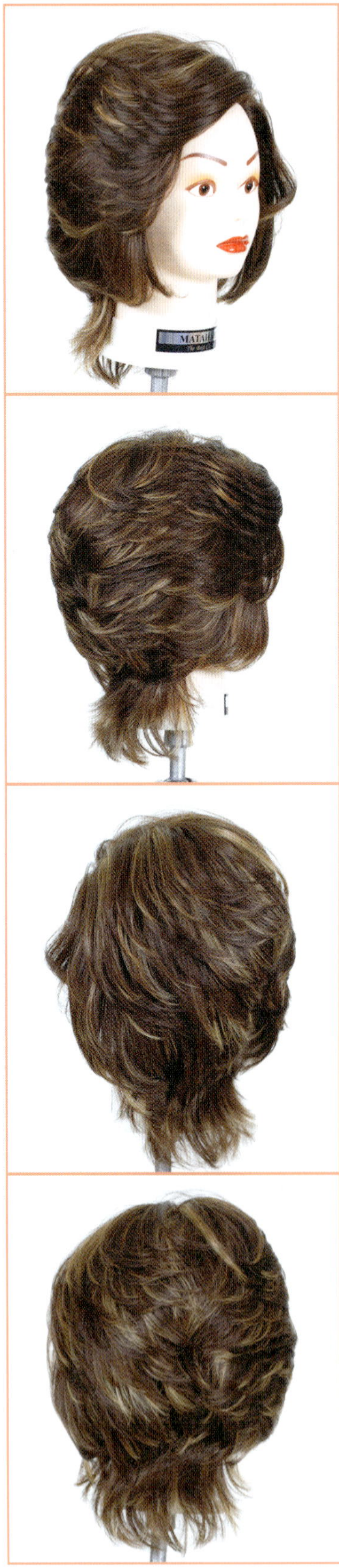

위빙테크닉으로 하이라이트를 시술한 상태

컬 질감

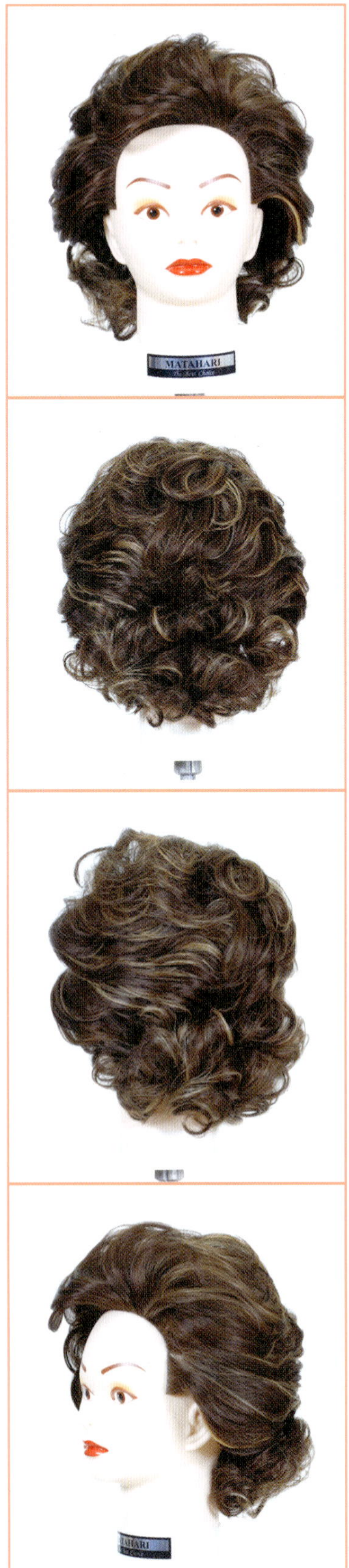

위빙테크닉으로 하이라이트를 시술한 후 웨이브를 시술한 상태

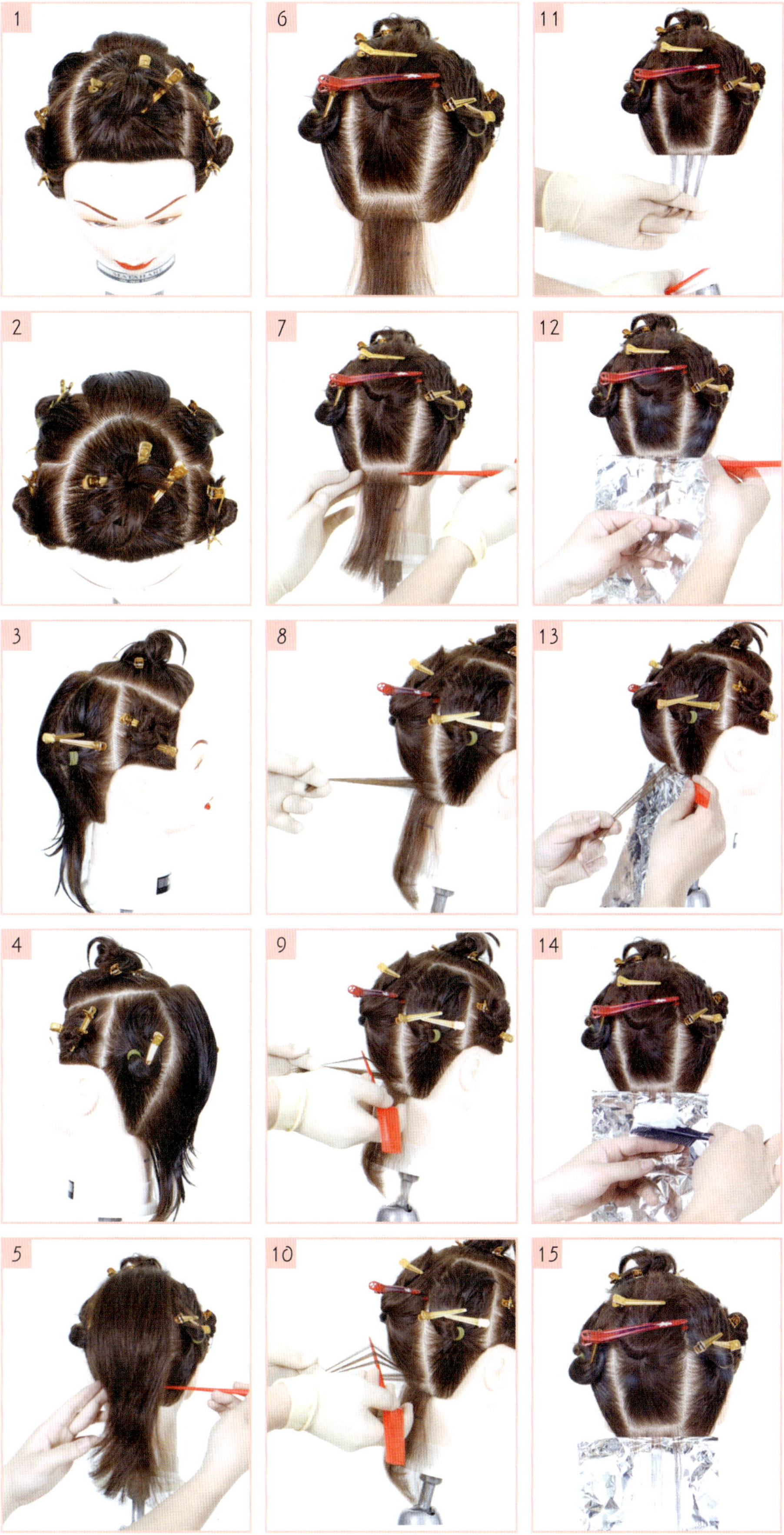

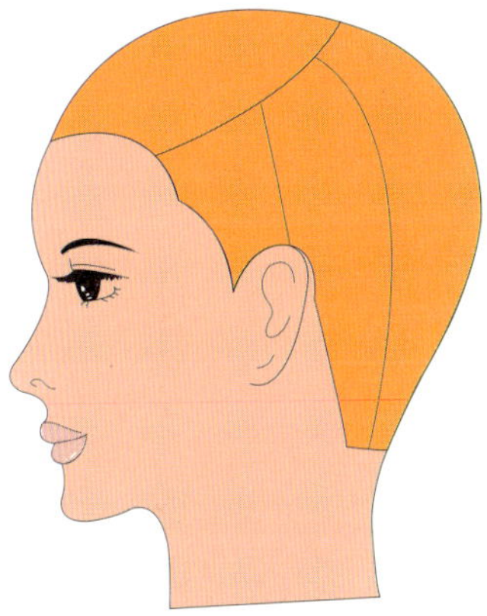

1~4. 염색을 시술하기 편하도록 브록킹을 탄다.

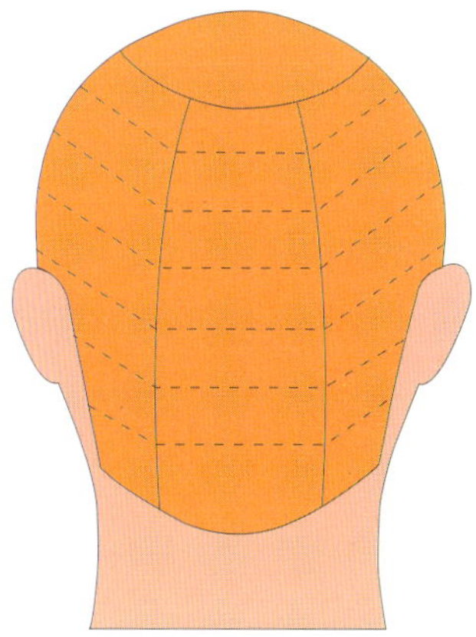

5~15. 2cm간격을 뜬 후 꼬리빗으로 슬라이스를 떠서 모발 밑에 호일은 대고 뿌리부터 모발 끝까지 골고루 도포한다.

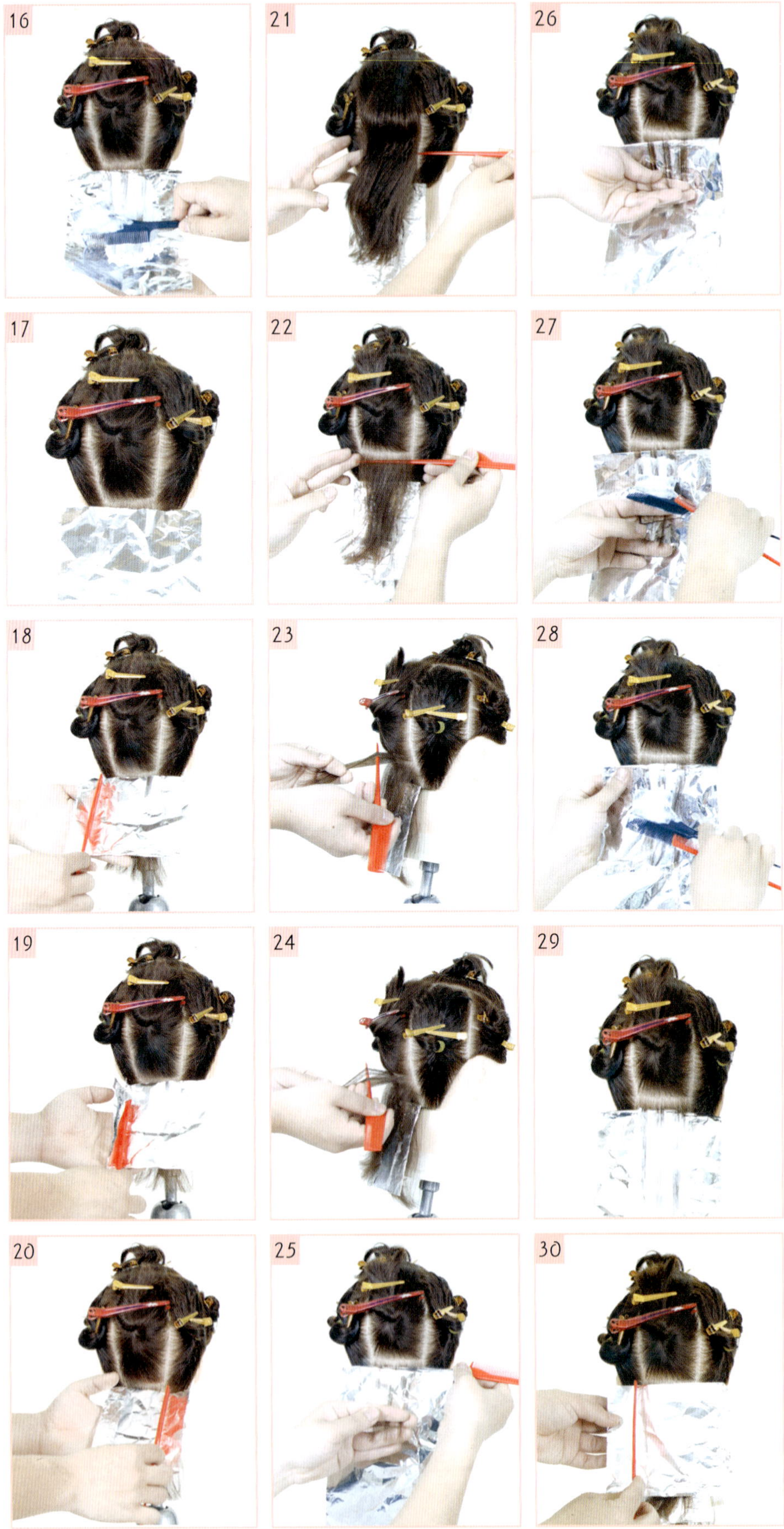

메 쉬

불어로 머리다발이라는 의미를 갖으며 전체가 아닌 머리 일부에 컬러를 넣어준은 테크닉이다.

원 컬러 시술보다는 전체적인 디자인과 발랜스를 고려해 몇 군대에 여러가지 컬러를 입히거나 탈색해 준다.

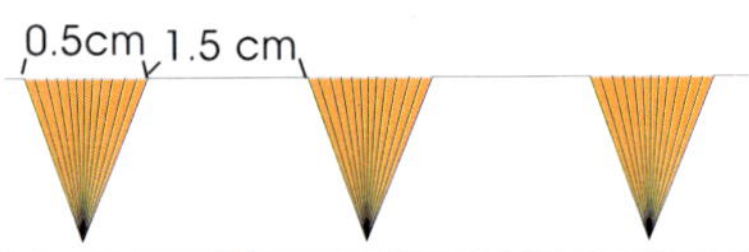

간격은 1.5cm 간격에 5mm씩 일정한 간격으로 뜬다.

16~30. 패널을 일정한 간격으로 끌어내어 위빙을 넣는다. 뿌리부터 모발끝까지 도포량으로 조절하여 골고루 도포한다. 모발에 메쉬를 준다.

31~45. 호일을 꼬리빗을 이용하여 뿌리까지 밀착하여 넣은 후 처음엔 뿌리를 띄우고 도포한후 다시 붓을 세워 뿌리 부분은 압을 적게하여 도포한다.

46~60. 호일으로 모발을 감싸 시간이 지나도 염모제가 흘러내려서는 안된다. 뿌리까지 확실하게 호일을 넣고 뿌리부터 모발 끝까지 모발에는 염모제를 골고루 도포한다.

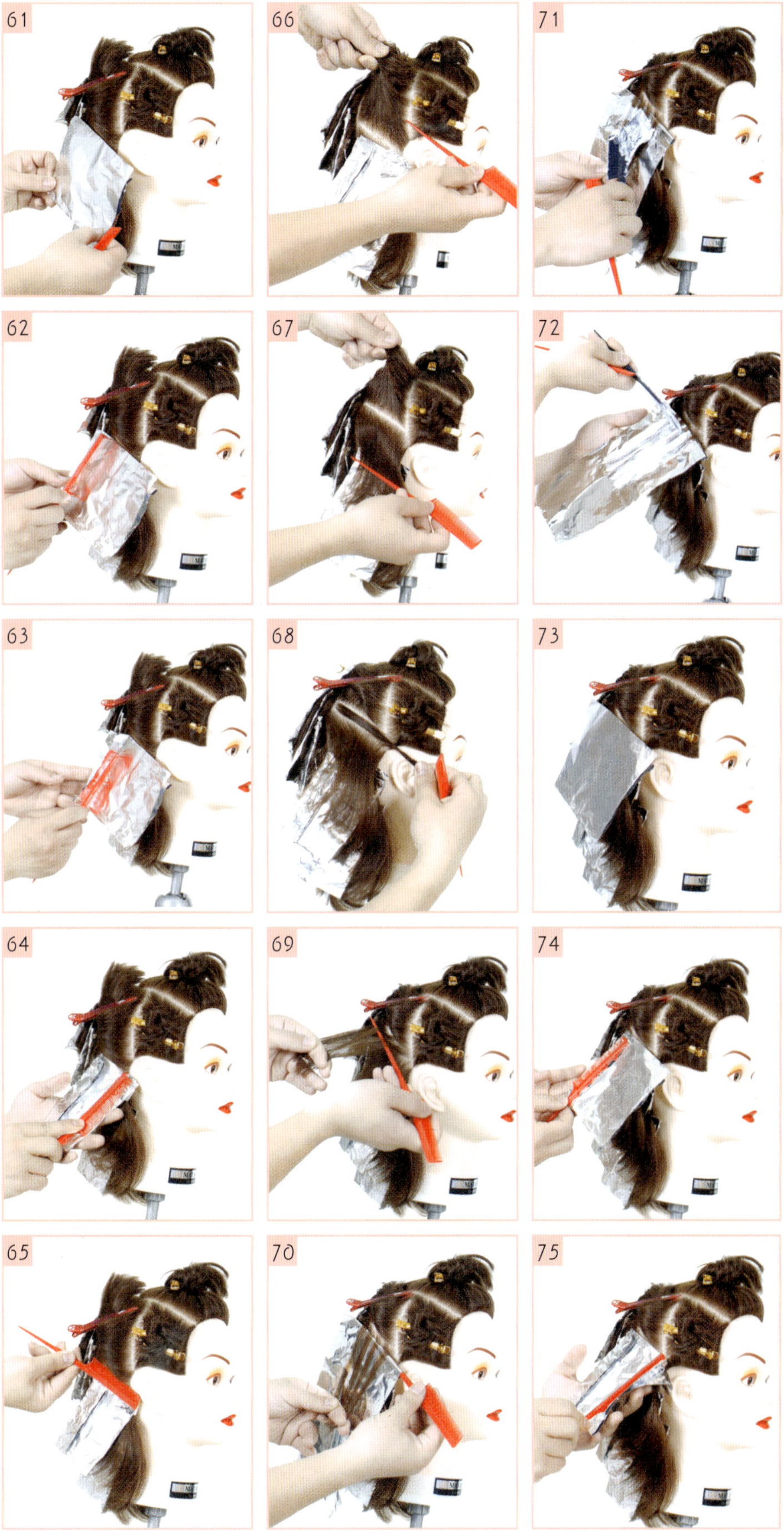

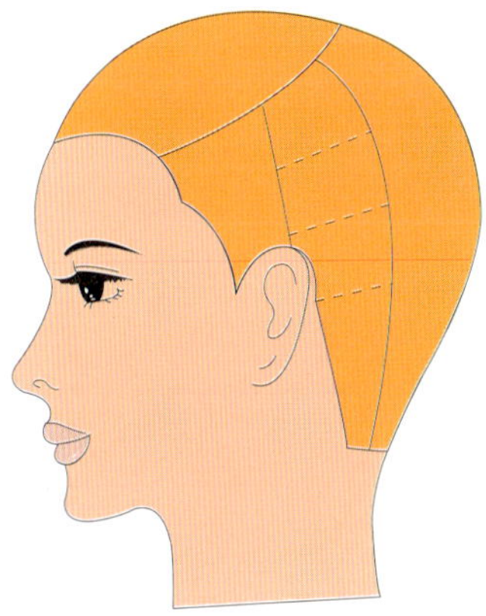

61~75. 2cm간격에 0.5cm 슬라이스를 떠서 위빙테크닉으로 모발을 호일에 감싼다.

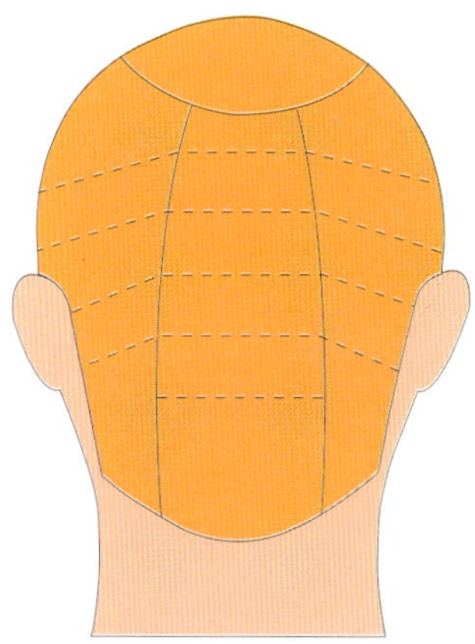

뿌리부터 모발끝까지 도포하여 호일에 감싼다.

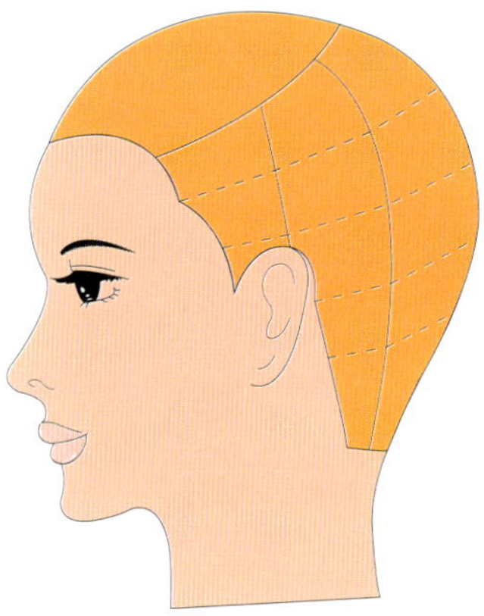

76~90. 위빙테크닉으로 뿌리부터 모발 끝까지 시술한다.

91

92

93

94

95

96

97

98

99

100
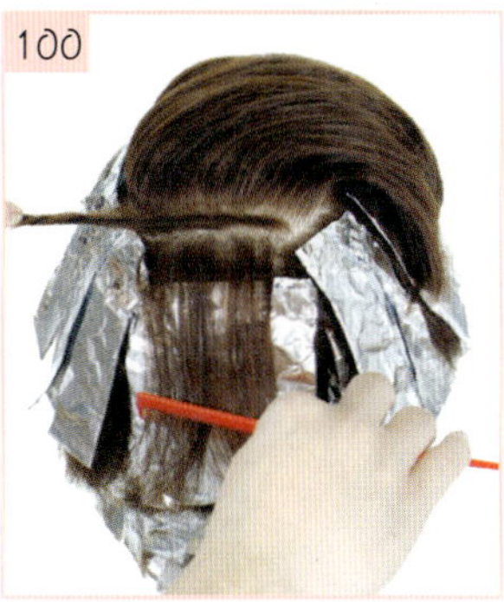

101

102

103
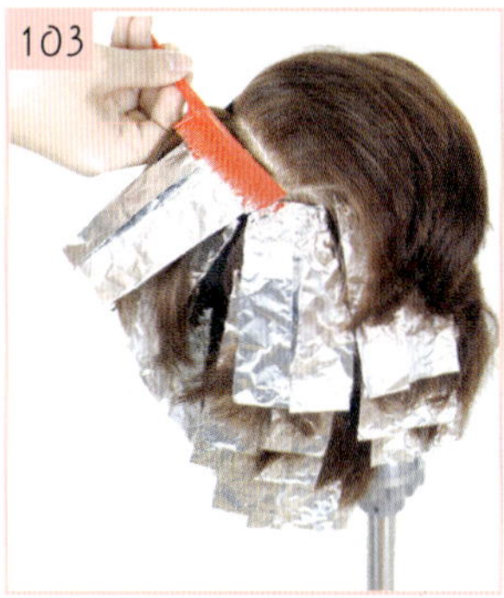

104
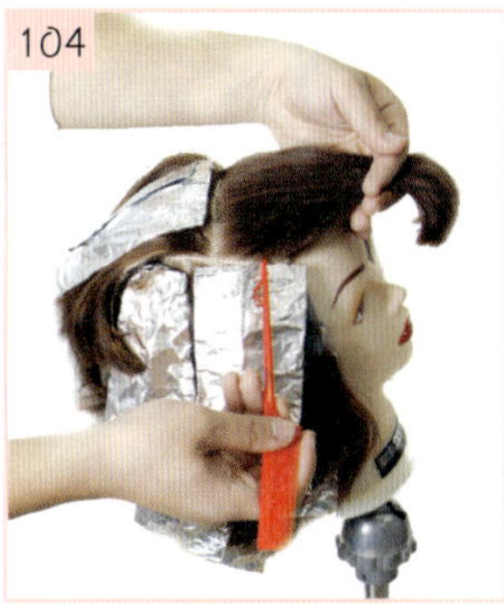

105

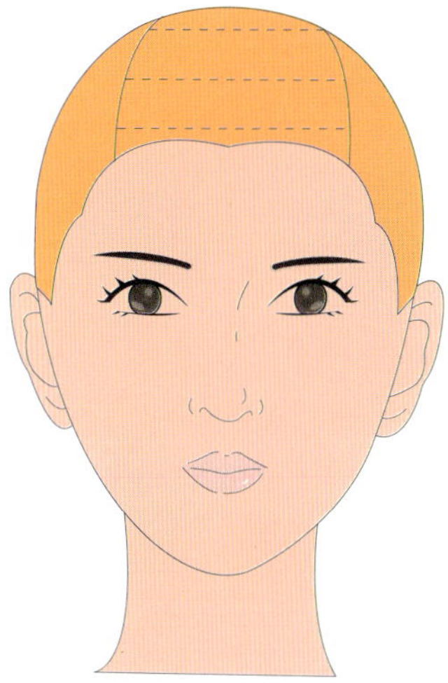

91~105. U라인 아랫부분에 시술이 끝나면 V라인 영역을 평행하게 위빙테크닉으로 시술한다.

컬러 테스트

컬러제를 도포하고 방치시간 경과 후 세정할 때까지 중간에 부분적으로 머리 다발을 빼내 컬러제를 잘 닦아준 후 컬러링 상태를 체크하는 것이다. 체크할 머리 다발의 컬러제를 타올이나 티슈로 완전히 닦아낸 후 테스트 한다. 컬러제가 머리에 묻어 있으면 약제의 영향으로 확실한 컬러 파악이 어렵다. 의도한대로 컬러가 나왔는지는 옆의 검은 머리와 비교해 보면 알 수 있다.

동일한 시술시간이라도 모질에 따라 컬러가 모두 다르게 나오므로 반드시 테스트하여 꼼꼼히 체크한다.

① 티슈로 약액을 닦아낸다.
② 컬러링 상태체크(전체 염색일 때는 어렵다)

열처리 후 컬러 테스트하여 마무리한다.

4. 장키(Chunky)

위빙 테크닉보다 더 굵게, 삼각형의 형태를 곡면에 따라 표현한다.

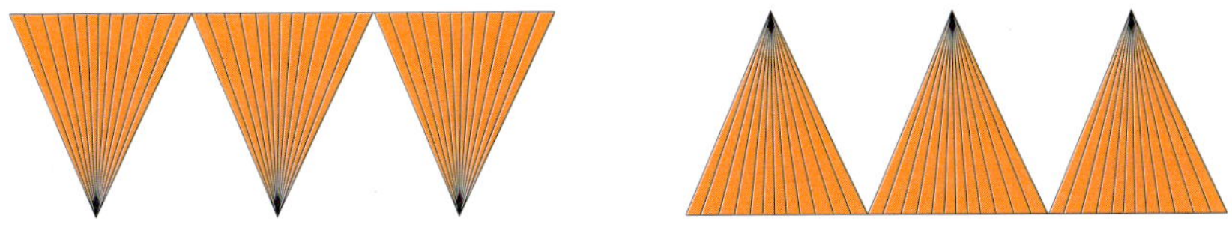

삼각형의 형태에 따라 다양한 이미지 연출법 – 정삼각형, 역삼각형

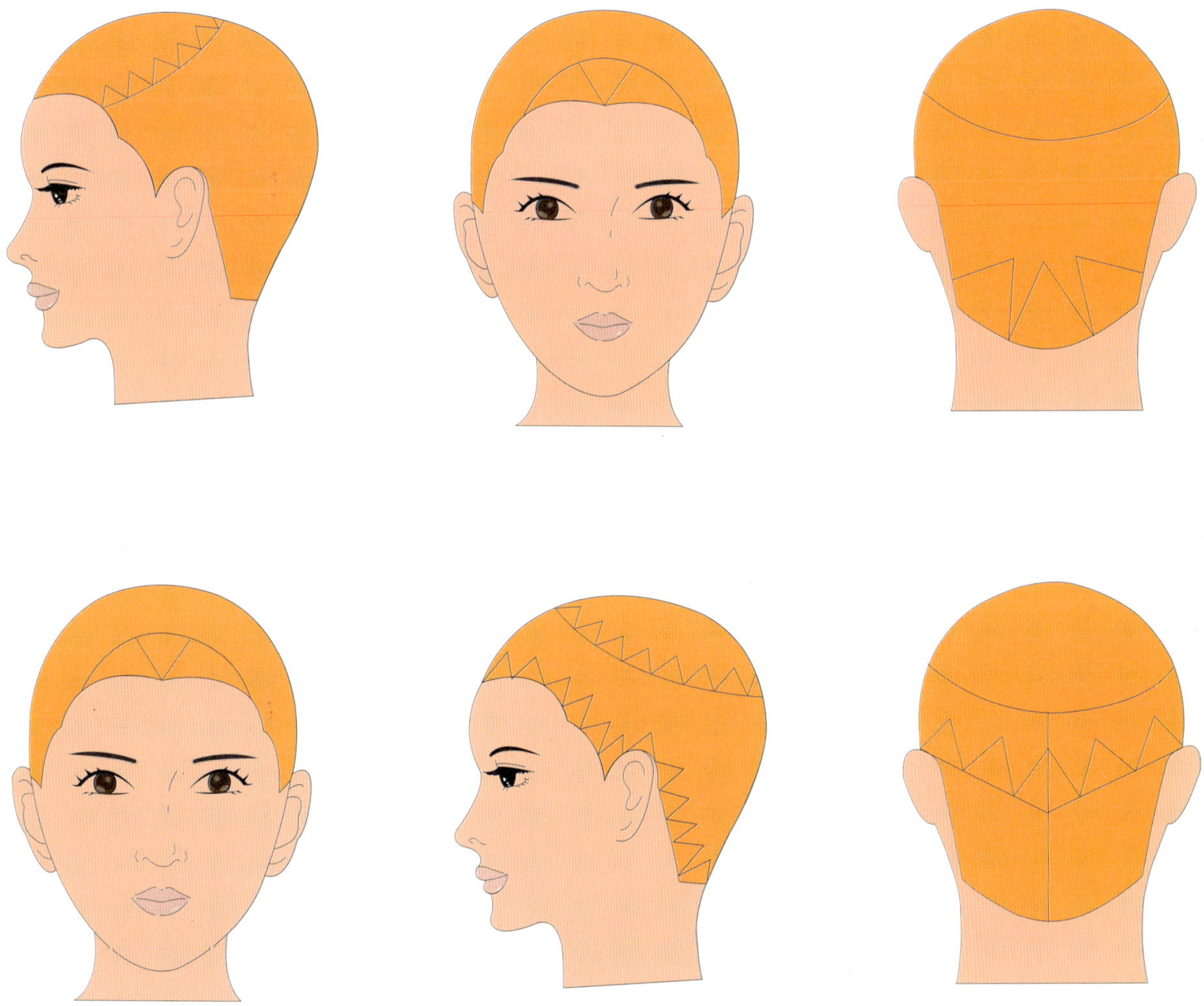

1) 슬라이스와 장키테크닉

U라인 영역에는 슬라이싱 테크닉을 이용하고, 옆선은 삼각파팅을 뜬 장키테크닉을 이용하여 하이라이트를 준 스타일이다.

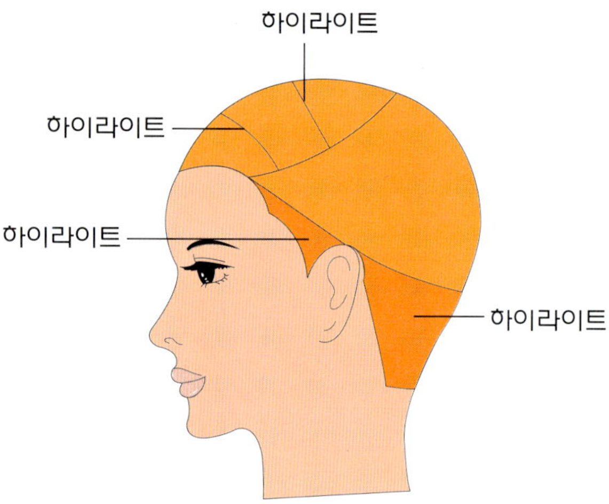

컬러디자인은 두상곡면에 모발이 떨어지는 영역을 나누어서 브록킹을 탄다.

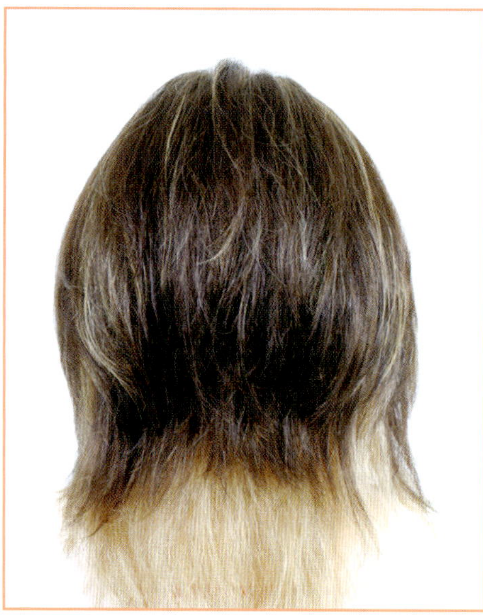

하이라이트를 슬라이드로 떠서 시술한 상태

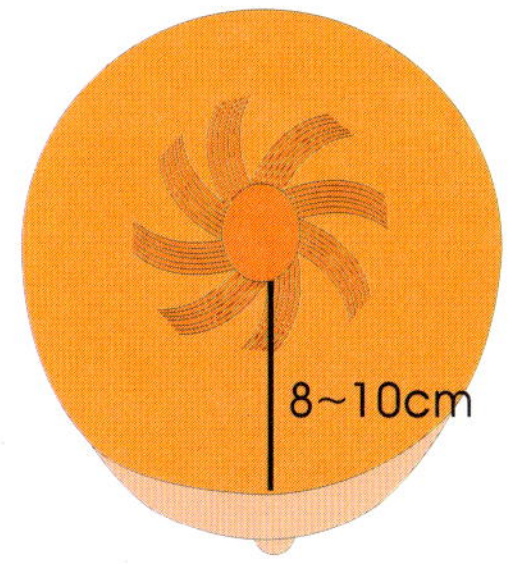

C.P에서 C.L선을 따라서 8~10cm 부분에 하이라이트를 주면 모발이 사방으로 떨어진다.

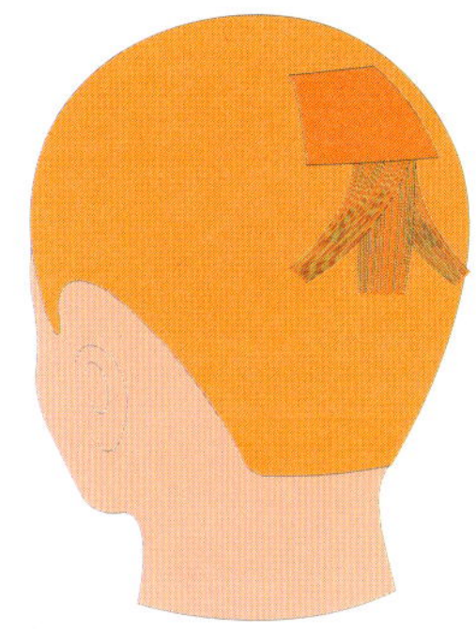

P존 영역에 떨어지는 모발은 C컬을 만들면서 떨어지기 때문에 이곳에는 하이라이트를 주지 않는다.

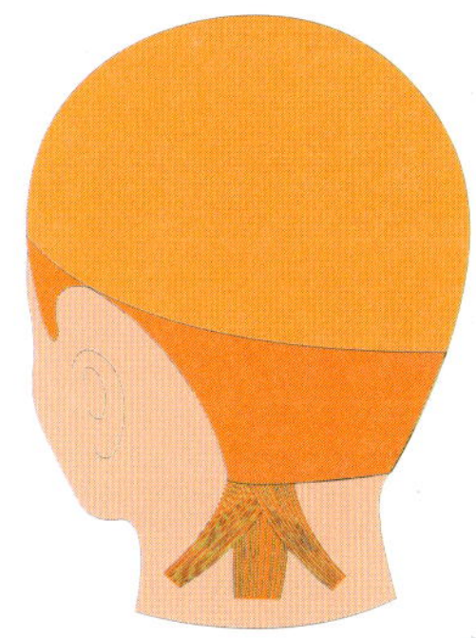

H존 영역은 떨어져서 선을 만들어 주기 때문에 이곳에 하이라이트를 주었다.

1~4. 시술하기 편하도록 브록킹을 타 놓은 상태이다.

5~9. 뒷부분 H존 영역에 하이라이트를 줄 수 있도록 시술한다.

10~15. 옆선에 삼각형 파팅을 떠서 하이라이트를 준다.

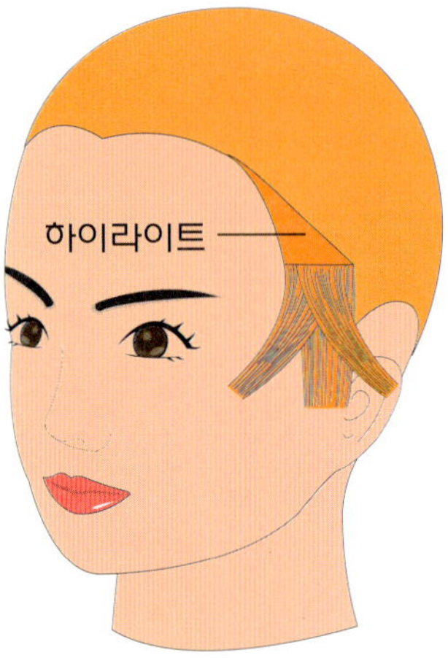

16~30. 옆선에 떨어지는 모발이 수직이므로 삼각형 파팅을 떠서 하이라이트를 준다.

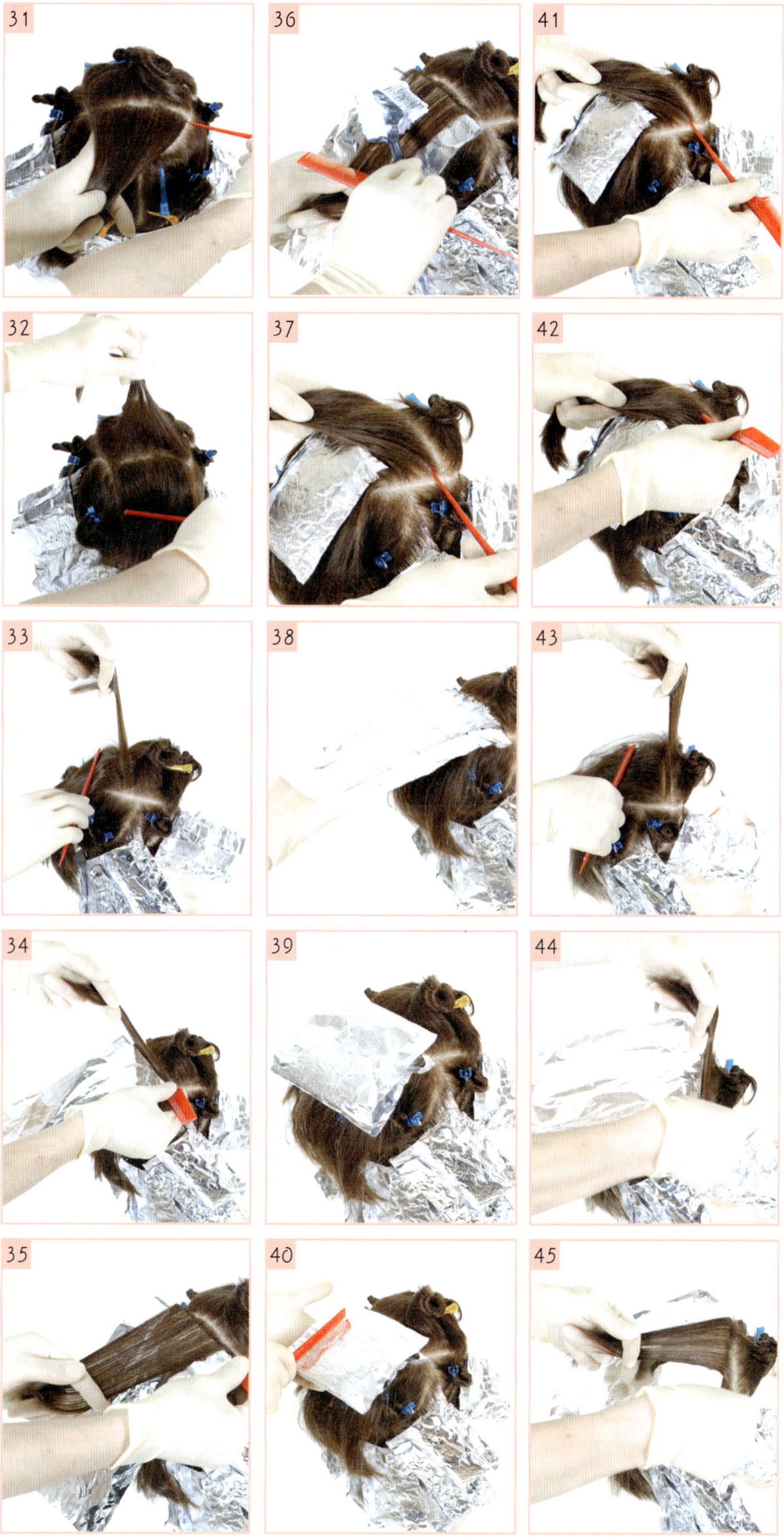

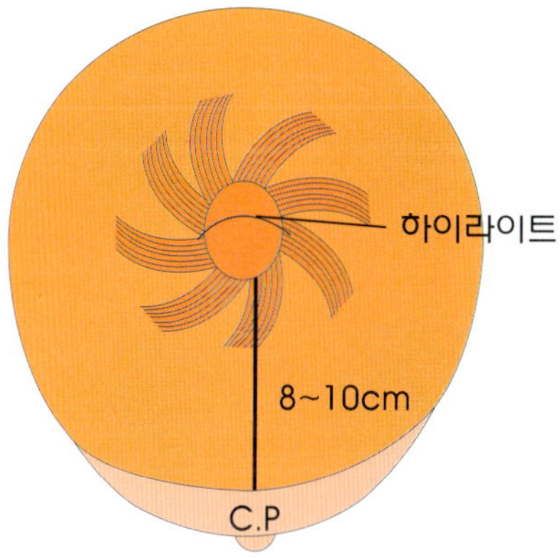

31~40. 이곳에 하이라이트를 주면 사방으로 모발이 떨어져서 위빙의 느낌으로 모발이 섞어지면서 밝아진다.

41~45. 이곳에 모발은 앞쪽으로 떨어지려는 성질이 있고 뒤쪽으로 움직임을 주면 섞인다. 이곳에 모발을 슬라이스로 떠서 하이라이트를 준다.

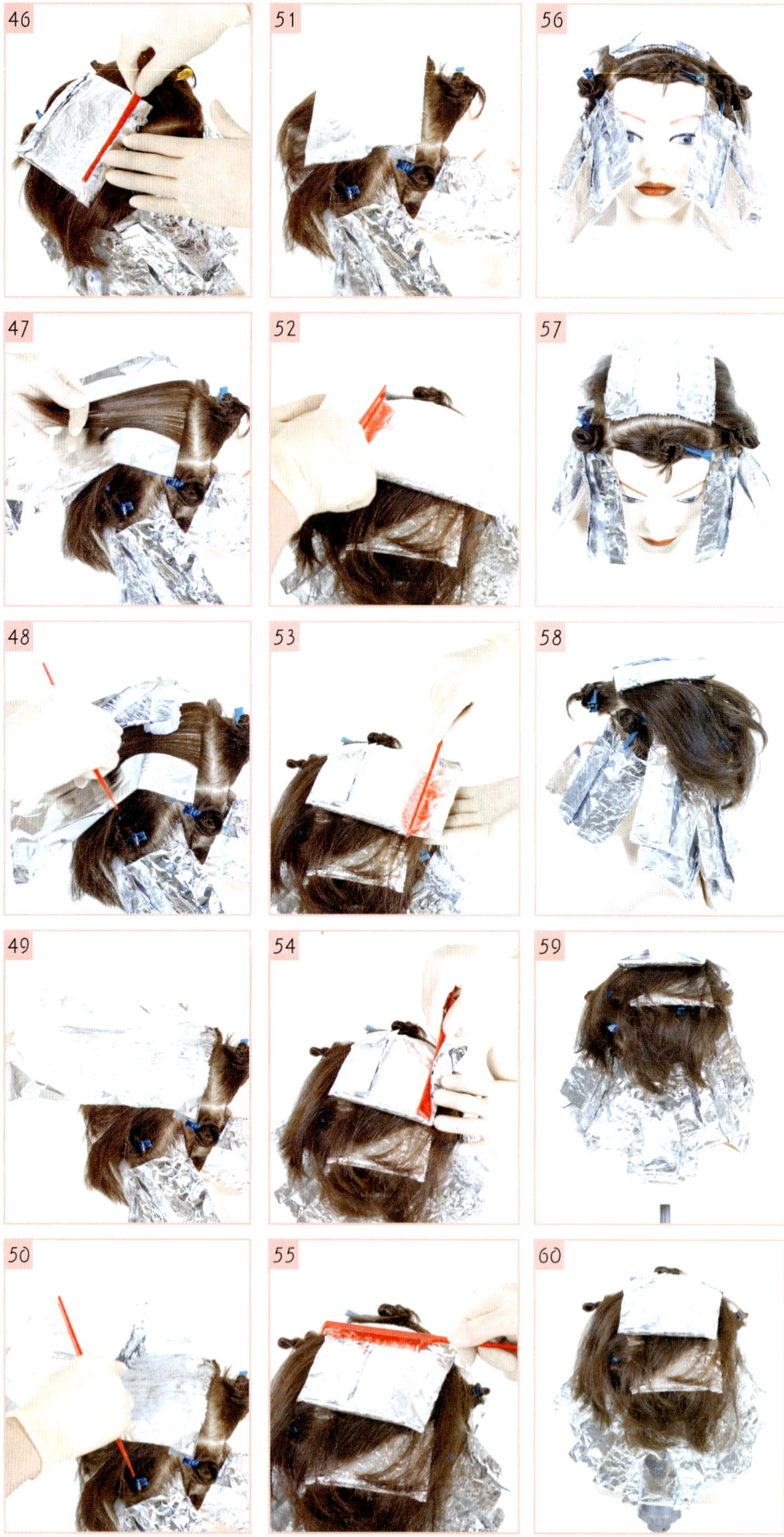

46~60. 브록킹을 떠서 모발에 호일을 감싸서 시술이 끝난 상태.

탈색의 조건은 모질, 모발의 본래색상, 작용시간, 산화제의 농도, 도포량, 온도에 따라서 원하는 색상이 골고루 나오게 된다. 도포량이 균일하게 도포되게 하여 원하는 색상이 나오는 것을 원칙으로 시술한다.

2) 장키 테크닉(인크리스레이어 1)

(1) 탈색된 모발(질감이 매끄럽다)

앞머리와 크레스트 영역에 장키 테크닉을 이용한 스타일.

앞머리 부분과 크레스트 영역에 삼각형을 떠서 하이라이트를 시술한 상태이다.

두상곡면에 모발이 어떻게 떨어지는 지를 알고난 후 컬러디자인 한다.

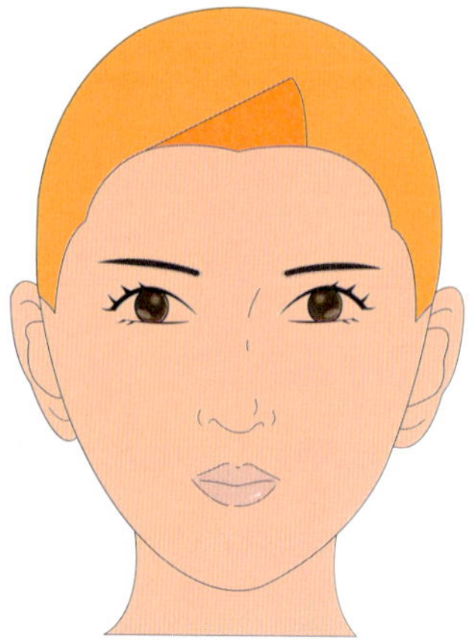

앞머리는 삼각형을 떠서 하이라이트를 준다.

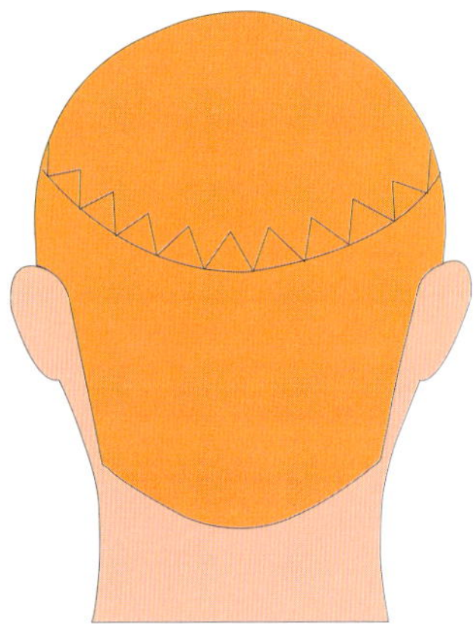

모발이 자연스럽게 섞일 수 있도록 삼각형을 떠서 하이라이트를 준다.

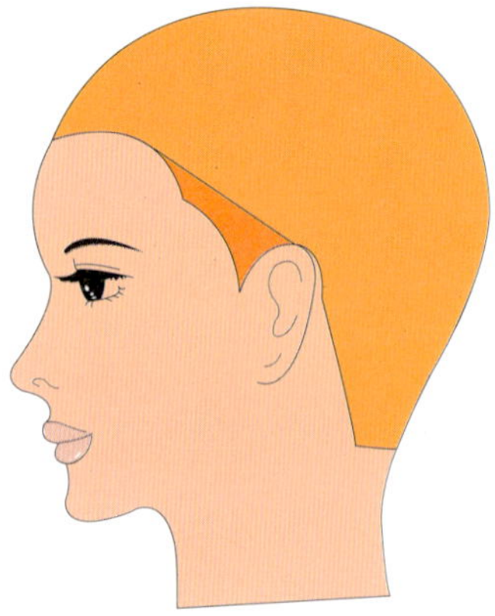

옆선에도 삼각형을 떠서 하이라이트를 준다.

(2) 탈색된 모발(질감이 웨이브이다)

컬 웨이브의 질감은 모속감이 더 많이 생겨 색감이 자연스럽게 섞인다.

앞머리와 크레스트 영역에 삼각형을 떠서 하이라이트를 시술하여 웨이브를 준 상태이다.

(3) 코팅된 모발(질감이 매끄럽다)

(1), (2) 탈색된 모발에 코팅을 해놓은 상태이다. 컬 웨이브는 색감에 따라 웨이브의 느낌도 다르다.

(4) 코팅된 모발(질감이 웨이브드다)

탈색된 모발에 코팅을 해놓은 상태이다. 웨이브는 색감에 따라 웨이브의 느낌이 다르다.

3) 장키테크닉(인크리스레이어 2)

탈색된 모발

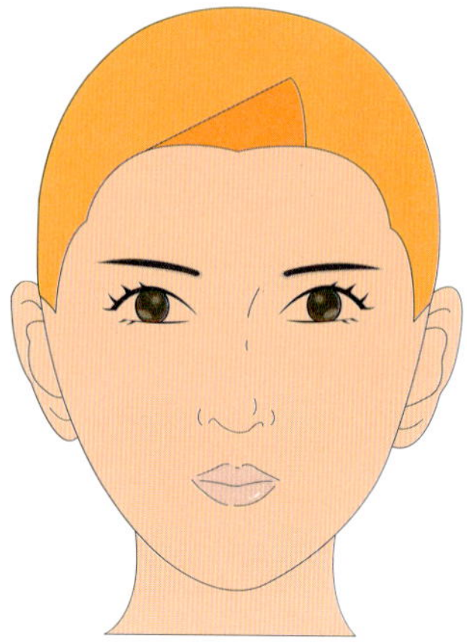

앞머리 부분은 가르마를 나누는 부분에서 F.S.P선까지 연결하여 삼각형을 만들어서 이곳에 하이라이트를 주었다.

코팅된 모발

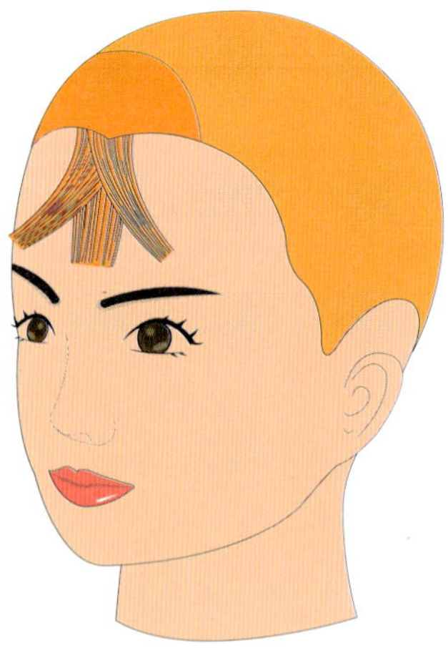

모발이 떨어지는 것은 곡면의 흐름을 알아야 컬러디자인을 잘 표현할 수 가 있다. 여기에 모발을 삼각형으로 뜨지 않으면 모발이 다른 모발과 섞임이 힘들어 진다.

T존 영역

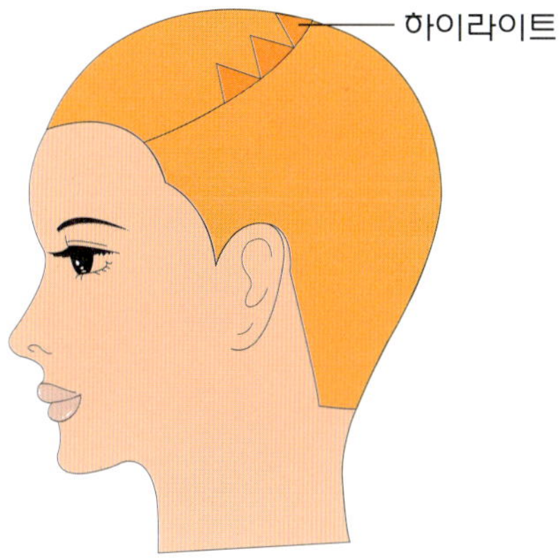

U라인 영역에 앞머리 부분을 제외한 부분만 삼각형을 떠서 하이라이트를 준다.

탈색된 모발

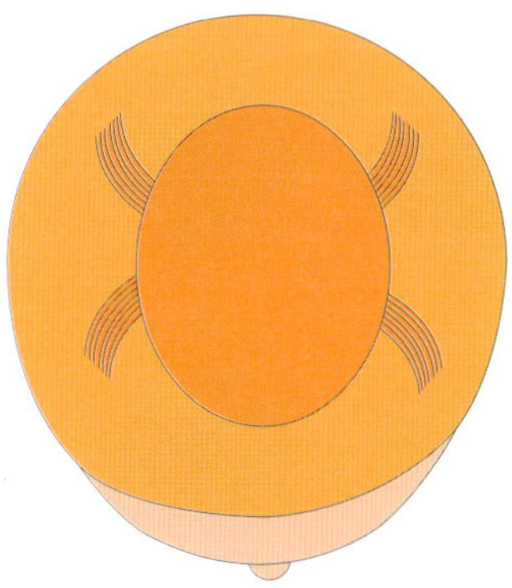

T존 영역의 모발은 흩어져서 떨어지기 시작한 영역이라 이곳에 삼각형의 영역을 얼마만큼 늘릴지에 따라 컬러디자인이 달라진다.

코팅된 모발

탈색된 모발

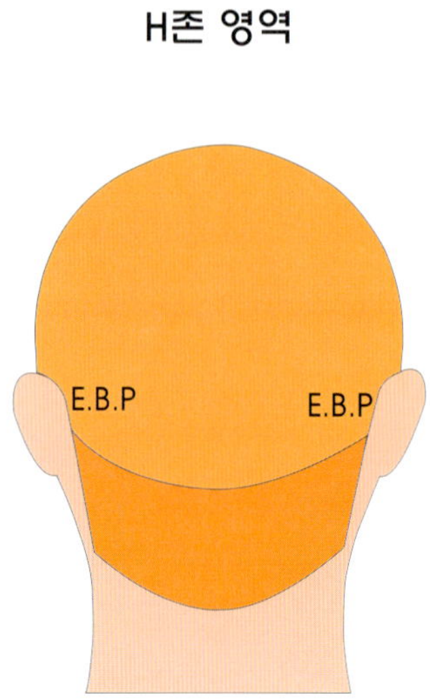

H존 영역에서 반을 나누어서 E.B.P까지 하이라이트를 주면 선이 가볍게 예쁘게 떨어진다.

코팅된 모발

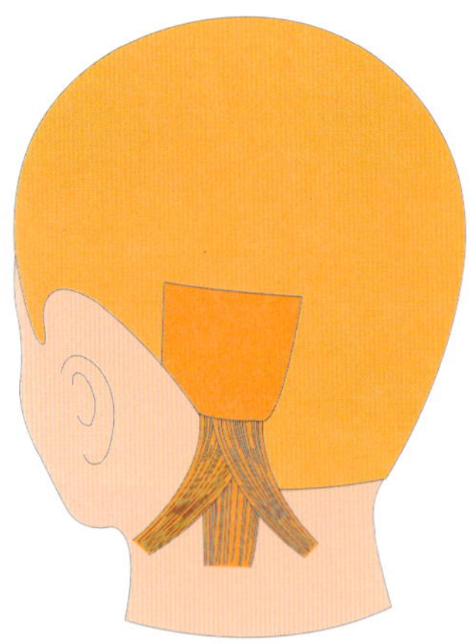

H존 영역은 선이 두상 곡면에 부착이 되서 모발이 떨어지게 되므로 선이 예쁘다. 이곳에 양을 조절하여 컬러디자인을 한다.

4) 장키테크닉(앞머리 표정만들기와 슬라이싱 테크닉)

앞머리를 삼각형의 하이라이트 포인트가 머리에 주느냐에 따라 얼굴형을 보정할 수 있다.

(1) 탈색된 모발

얼굴형에 따라 하이라이트를 주어 얼굴보정을 시술한다.

스트레이트한 질감

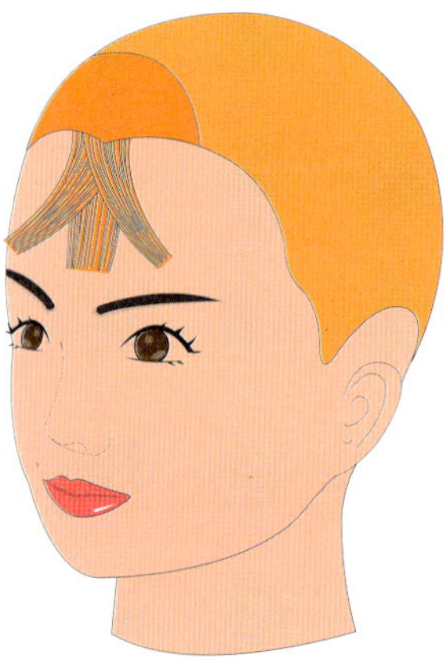

앞머리 영역을 삼각형으로 나눈 후 어디에 하이라이트를 주느냐에 따라 얼굴형을 보정할 수 있다.

밝다 – 늘리고 싶을때
어둡다 – 줄이게 보이고 싶을때

컬 웨이브 질감

컬 웨이브 질감은 얼굴이 훨씬 온화하고 부드러워 보인다.

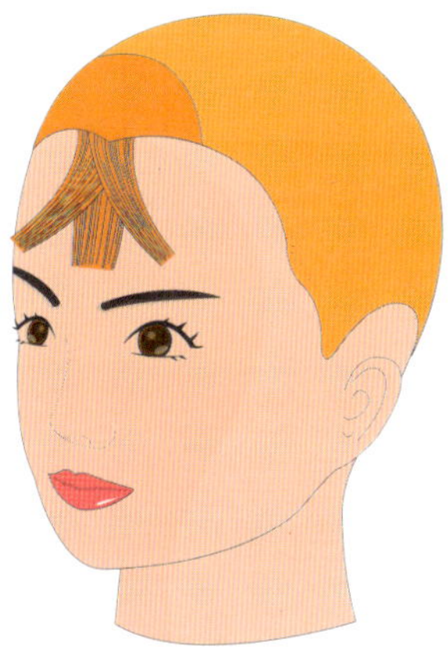

앞머리 영역을 삼각형으로 나눈 후 어디에 하이라이트를 주느냐에 따라 얼굴형을 보정할 수 있다.

밝다 – 늘리고 싶을때
어둡다 – 줄이게 보이고 싶을때

5) 장키테크닉(채도차를 이용한 앞머리 이미지 1)

노랑 + 노랑을 얼마만큼의 비율로 믹서하느냐에 따라 색감이 달라진다. 얼굴의 피부색을 선정 후 믹서의 비율을 조정한다.

진한 녹색	연한 녹색	아주 연한 녹색

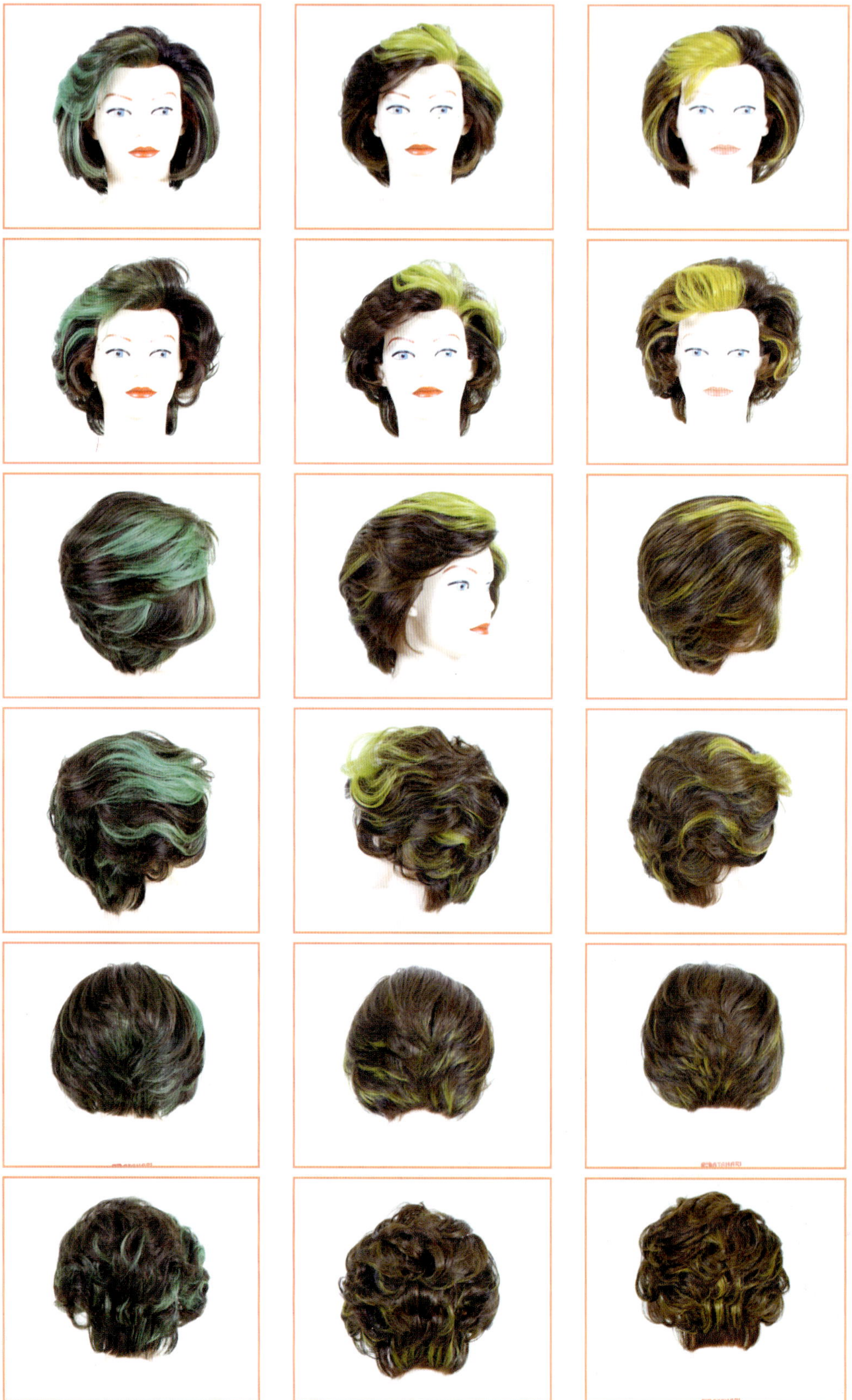

앞머리의 포인트 색깔이 달라짐에 따라 피부색이 달라보인다.

6) 장키테크닉(채도차를 이용한 앞머리 이미지 2)

노랑 + 오렌지를 얼마만큼의 비율로 믹서하느냐에 따라 색감이 달라진다.
얼굴의 피부색을 선정한 후 믹서의 비율을 조정한다.

오렌지 | 노란빛을 띤 오렌지 | 노란색에 가까운 오렌지

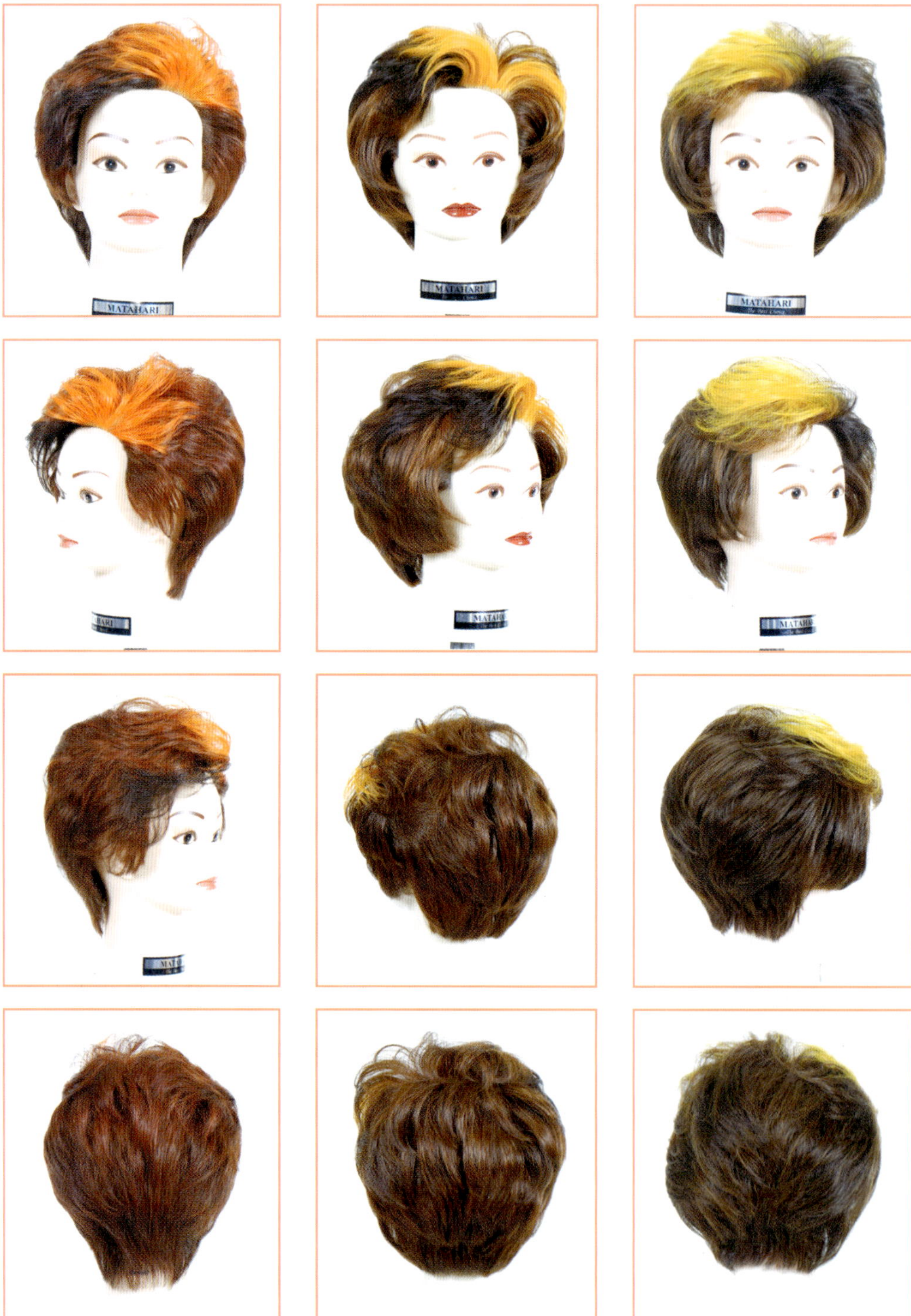

7) 장키테크닉(명도차를 이용한 앞머리 이미지)

(1) 탈색된 모발

앞머리 삼각형을 달리하여 이미지를 연출한다. 하이라이트가 어디냐에 따라 얼굴형을 보정할 수 있다.

8) 장키테크닉(그래쥬에이션 1)

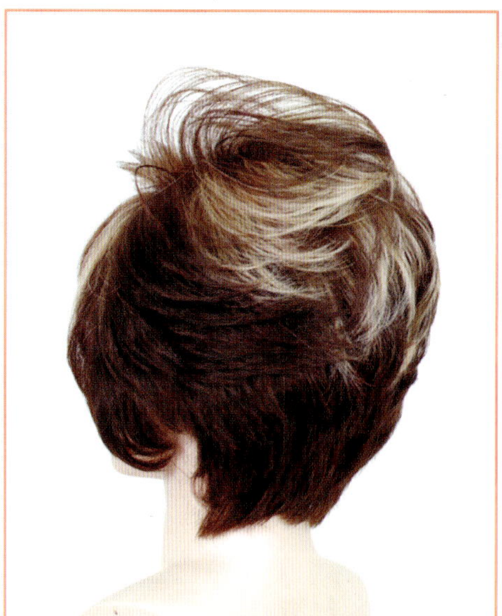

U라인 영역에 앞머리 하이라이트를 시술한 상태이다.

앞머리 부분

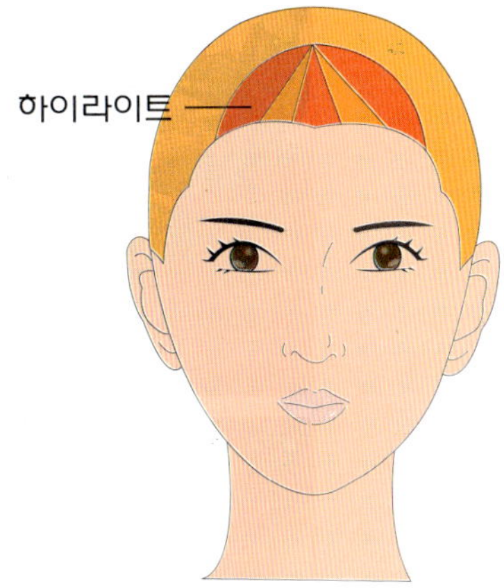

삼각형을 나누어서 하나는 그대로 두고 포인트 부분은 하이라이트로 시술하였다.

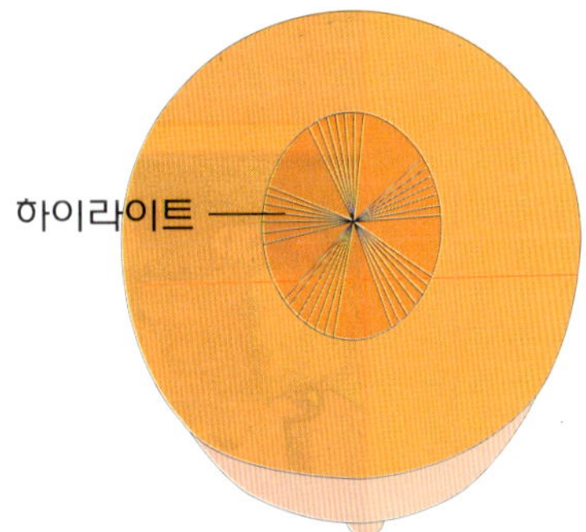

T존 영역을 방사형으로 나누어서 삼각형을 나눈후 하는 그대로 두고 하나는 하이라이트를 두었다.

9) 장키테크닉(그래쥬에이션 2)

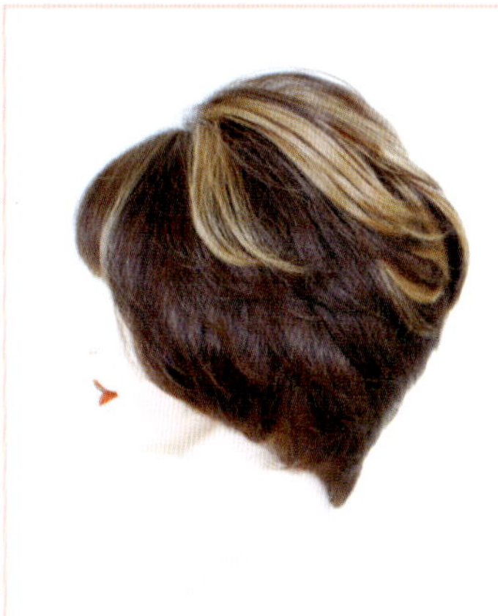

포인트 컬러

포인트를 줄 수 있는 컬러.

전체가 어두울 때는 밝은 컬러가 포인트가 되고 전체가 밝을 때는 어두운 컬러가 포인트가 될 수있다. 예를 들면 검은 머리에 하이라이트로 포인트를 준다.

T존 영역

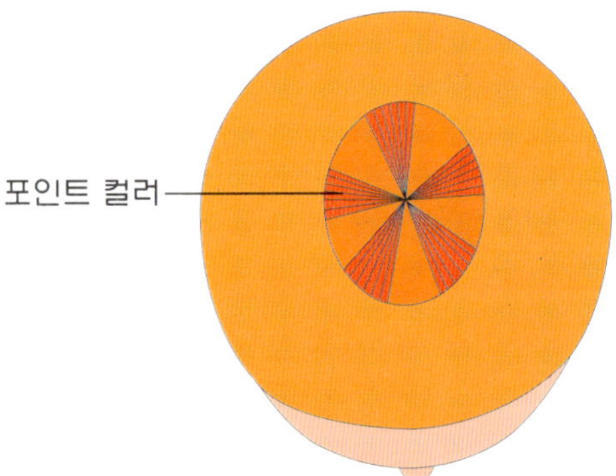

포인트점을 어디에다 설정해서 방사형을 나누느냐에 따라서 컬러디자인이 달라진다.
방사형으로 삼각형을 나눈후 1:1로 하이라이트를 주었다.

1~10. U라인 영역에 포인트 점을 정한 후 방사형으로 그려서 하이라이트를 시술한다.

5. 업테크닉(리버시블 컬러)

업스타일 일때와 머리를 내렸을 때의 컬러 연출이 달라지는 것으로 '뒤집을 수 있다' 하는 의미의 리버시블은 컬러링의 경우 머리를 상하 혹은 좌우의 움직임에 따라 컬러의 느낌이나 정도가 달라지게 하는 테크닉이다.

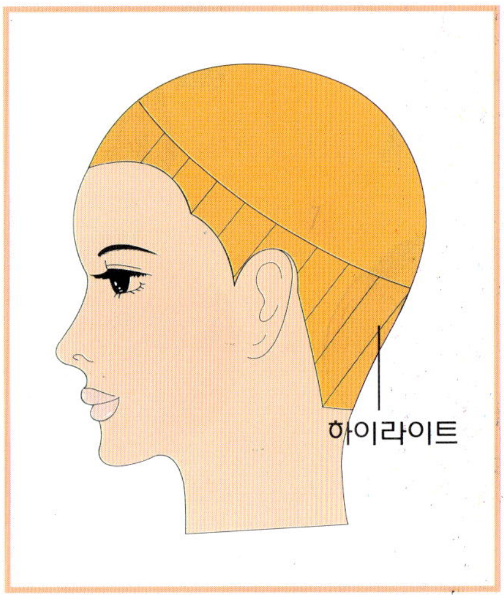

① 두상이 곡면이므로 들어간 부분은 라운드브록킹 아래에 슬라이싱으로 판넬을 떠서 시술을 하면 들어올렸을때 슬라이싱대로 선이 생긴다.

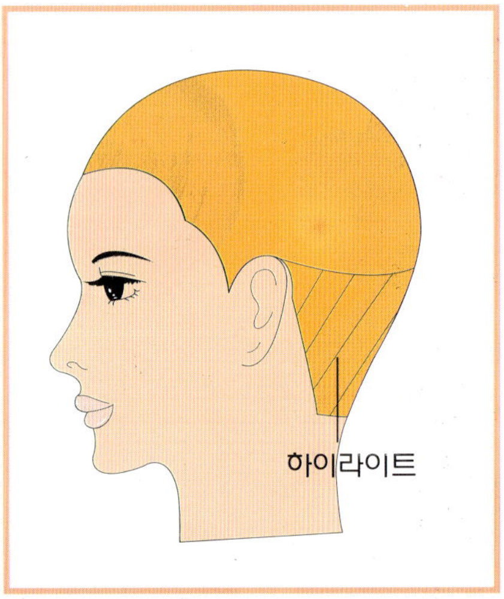

② B.P 아래에 전대각 섹션으로 슬라이싱을 뜬다.

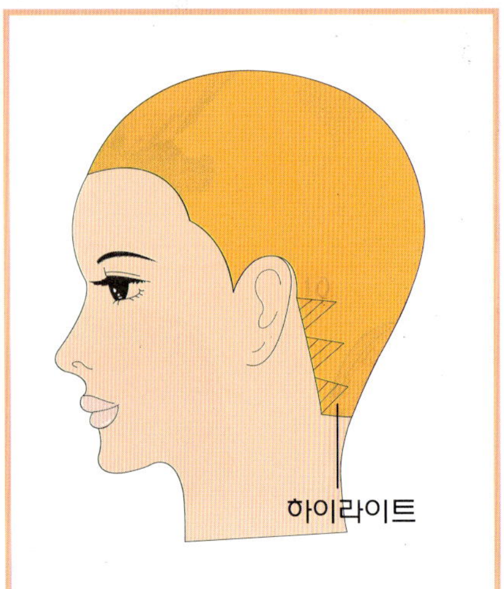

③ 헴라인 전체를 장키테크닉 삼각형을 떠서 시술한다.

모발을 업했을때 시술한 하이라이트 선이 생긴다.

움직임에 따라 컬러의 느낌이 다르다.

1) 라운드 브록킹

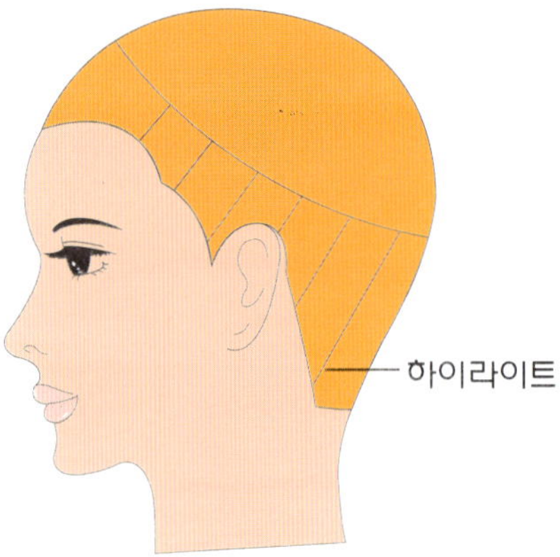

1~15. 라운드 블로킹을 탄 후 C.L에서 부터 수직으로 하이라이트를 준다.
이곳은 두상이 함몰되어 있는 곳이기 때문에 시술이 어렵다. 고객이 고개를 숙인 상태에서 시술하면 조금 쉽게 할 수 있다.

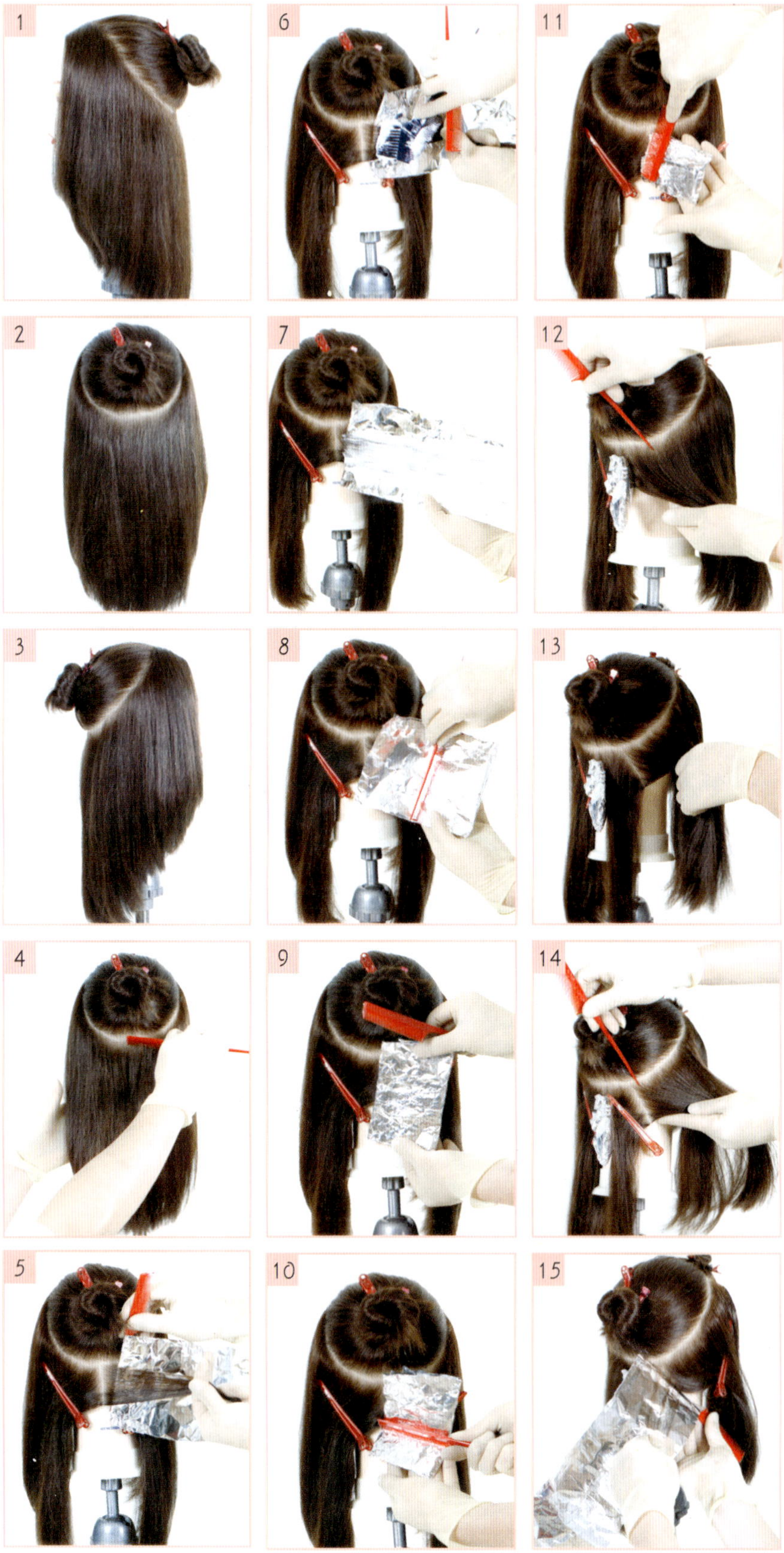

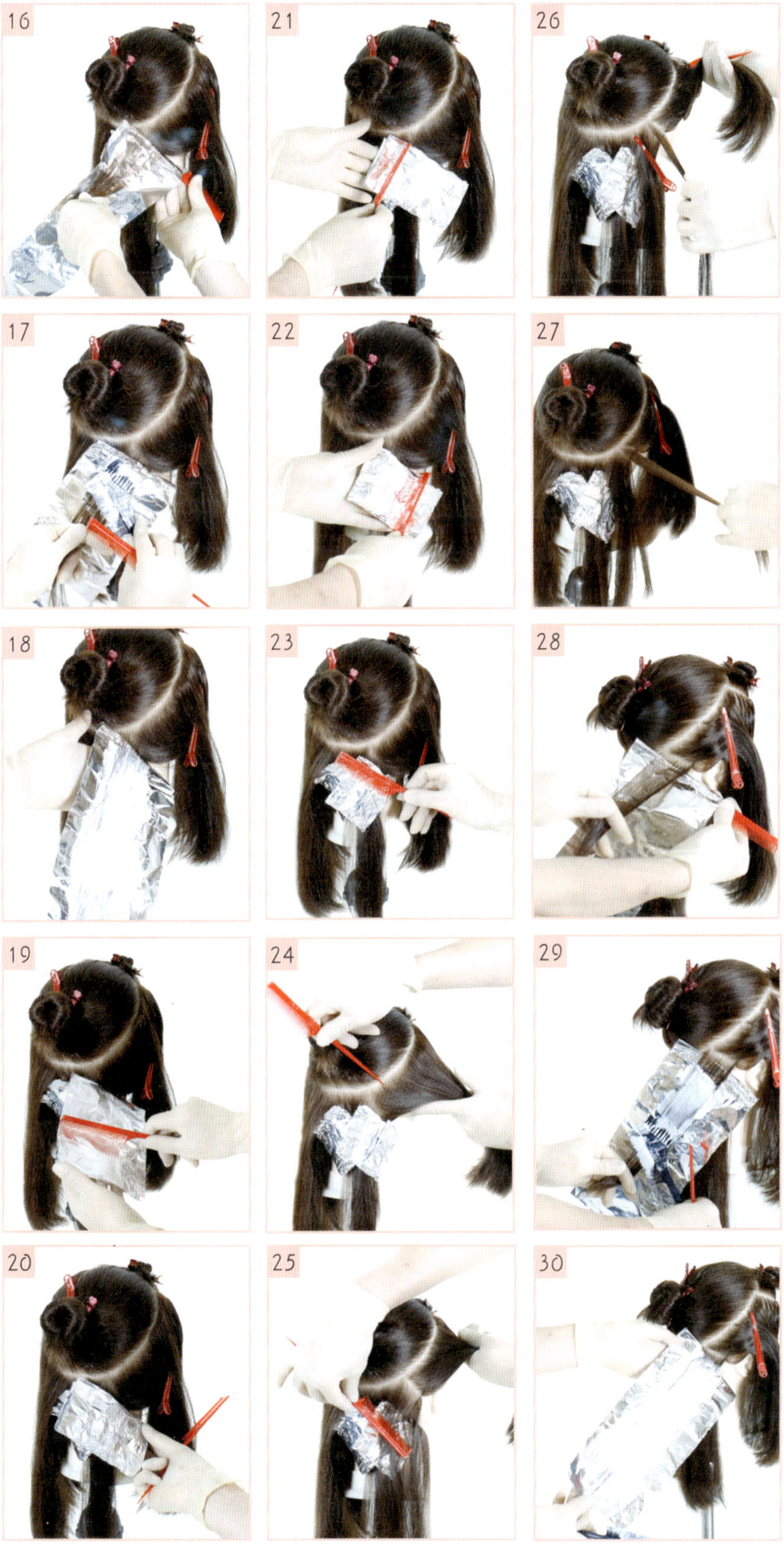

H존 영역

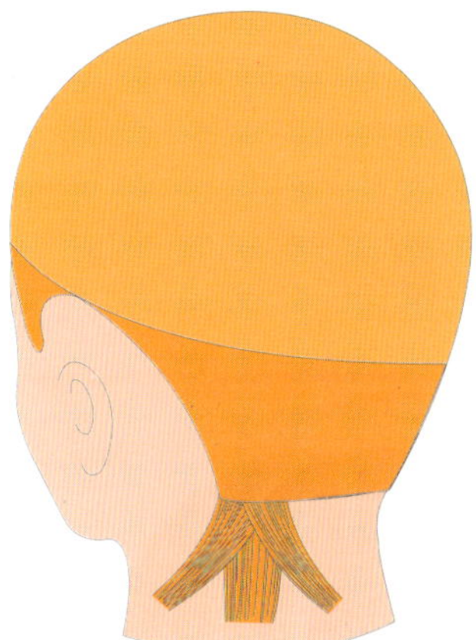

16~30. 선을 만드는 H존 영역은 곡면이 U라인이 형성되므로 슬라이스를 사선으로 떠서 모발아래에 호일을 넣고 모발뿌리에서부터 모발끝까지 균일하게 도포하여 원하는 색상을 동일하게 시술하는 것이 중요하다. 골격이 함몰되어 있으므로 시술이 어렵다.

H존 영역

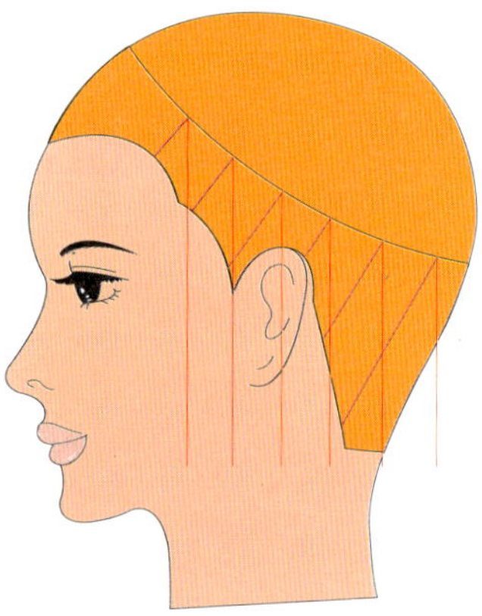

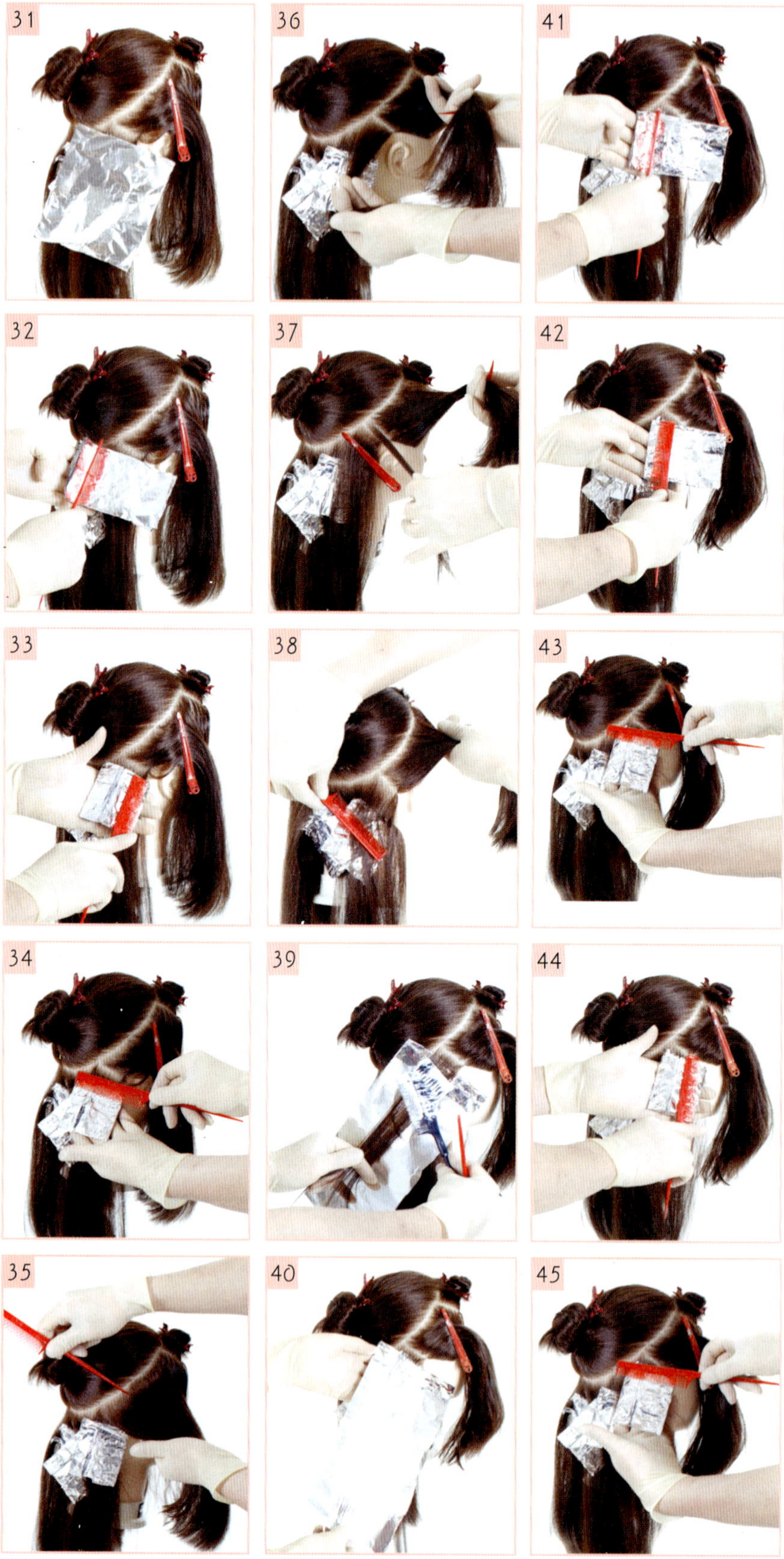

31~45. H존 영역에서 하이라이트를 사선으로 슬라이스를 떠서 시술하더라도 떨어지는 모발은 수직으로 떨어진다.
업스타일했을 때의 컬러디자인을 원하므로 사선슬라이스를 떠서 호일에 감싸 하이라이트를 준다.

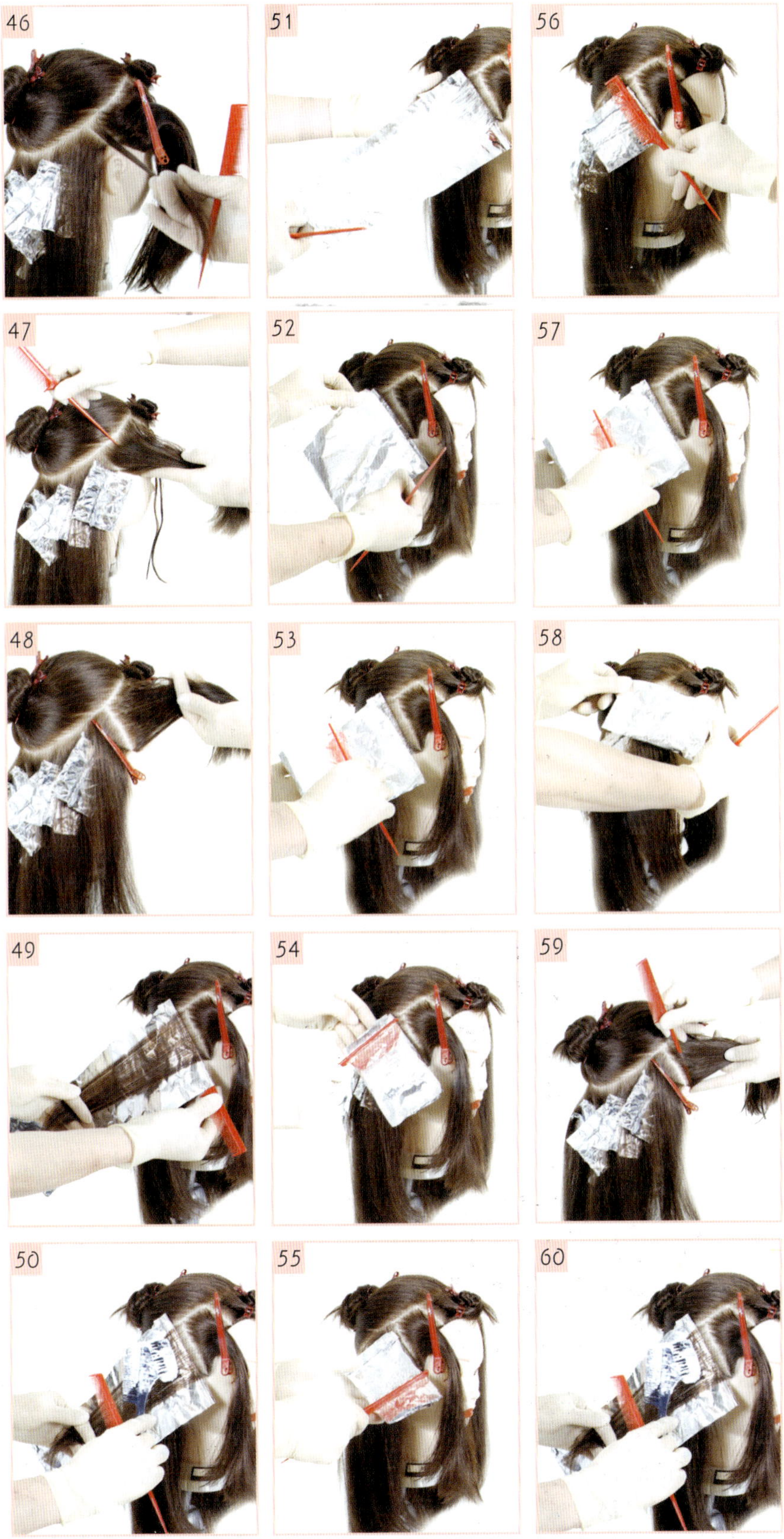

산화제에 따른 농도

- 산화제의 양이 많아지면 시간이 오래 걸리고 브리치레벨이 밝아지기 힘들다.
- 산화제의 양이 적어지면 탈색이 잘 이루어지지 않는다.
- 탈색제의 강도는 사용한 산화제의 볼륨에 따라 달라진다.

도포량과 온도

탈색제의 농도와 양을 많이 두껍게 도포하면 더 빠르게 진행이 되고 실내 온도와 두피온도가 높아지면 그만큼 진행이 빠르다.

이 원리를 이용하고 모근부에는 붓을 세워서 양을 적게 도포하고 끝부분에는 붓을 눕혀서 양을 많이 도포하여 일정한 색상이 나오게 하는 것이 중요하다.

옆 선

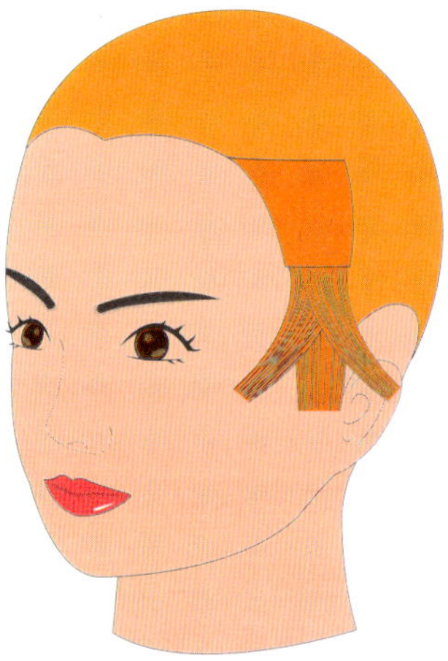

옆선은 떨어졌을때와 올렸을때의 컬러의 느낌이 다르다. 움직임에 따라 컬러의 느낌이 달라진다.
알칼리 컬러는 색을 밝게 하는 것이 포인트이다. 그러므로 블리치가 필요하고 방치시간은 20~30분이 기본이다.

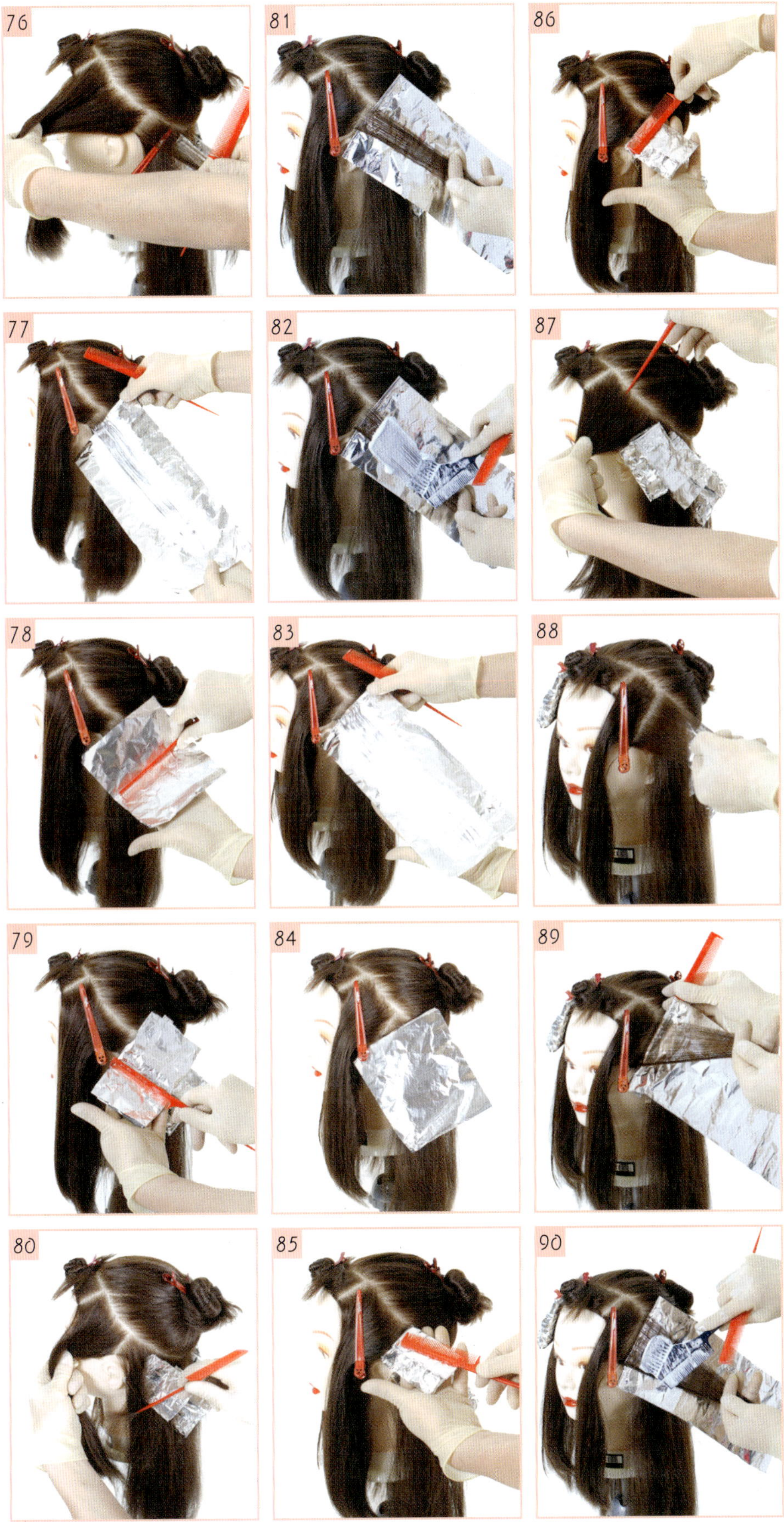

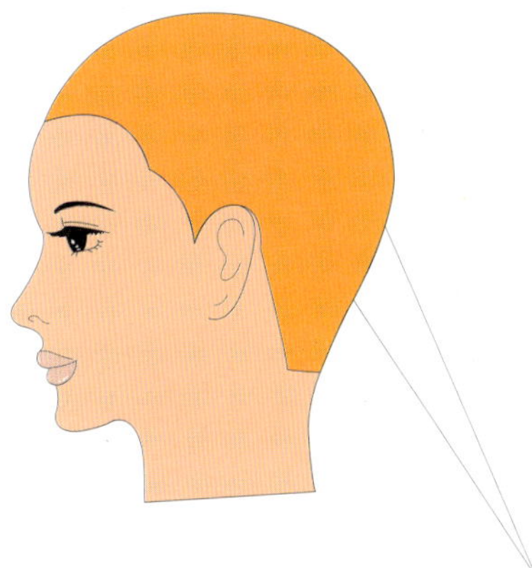

모근부는 붓을 세워서 양을 적게 도포하고 끝부분은 붓을 눕혀서 양을 많이 도포한다.

91

92

93

94

95

96

97

98

99

100

101

102

103

104

105

106

107

108

109

110

6. 그라데이션

모발의 색조에 그라데이션(단계)를 주는 컬러링.

모근부 – 중간 – 끝 혹은 훼이스 라인 – 탑 – 사이드 – 백에 걸쳐 그라데이션을 주는데 여기에는 몇가지 응용기법이다. 가장 자연스럽게 보이는 그라데이션 컬러는 뿌리쪽은 어둡게 하고 모발 끝으로 갈수록 밝아지게 하는 것이다.

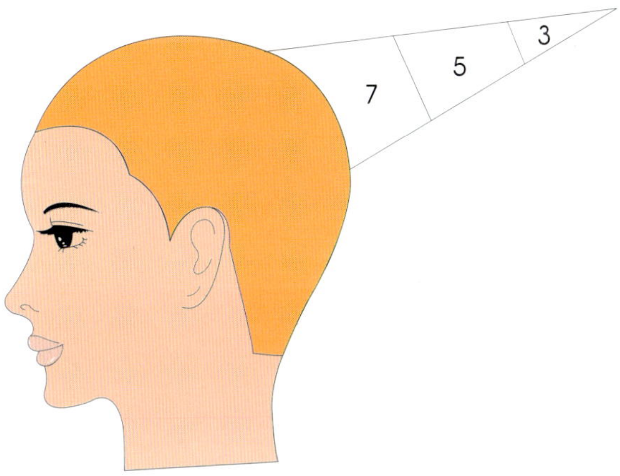

한 모발이 점점 뿌리에서 모발끝을 향해 이루어진다.

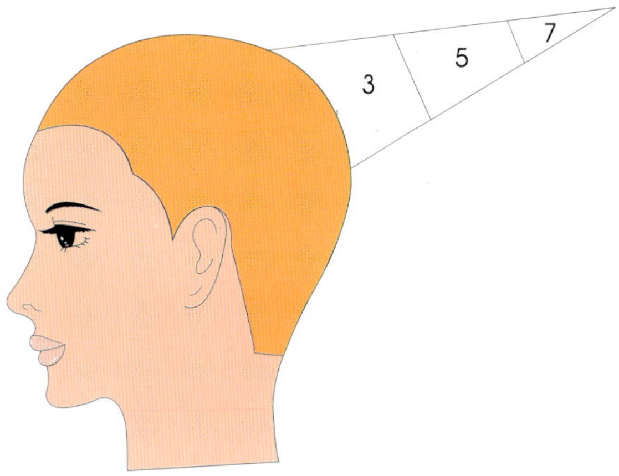

한 모발이 점점 뿌리에서 모발끝을 향해 밝아진다.

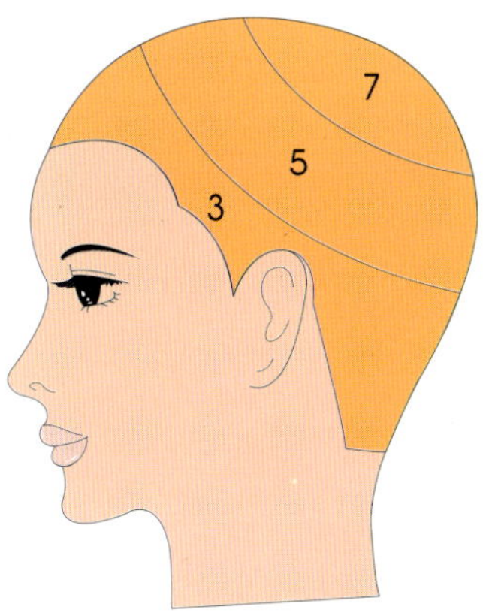

점점 진행해서 밝아진다.

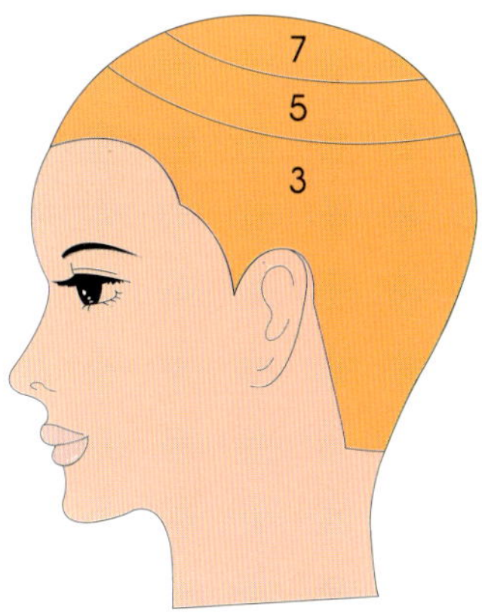

T.P를 향해 점점 밝아진다

그라데이션을 시술한 상태이다.

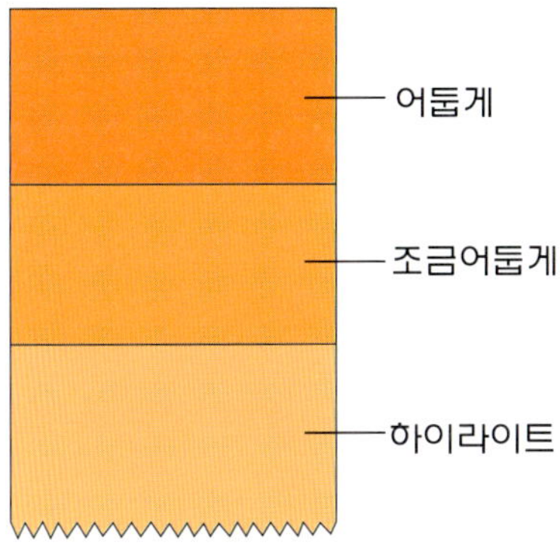

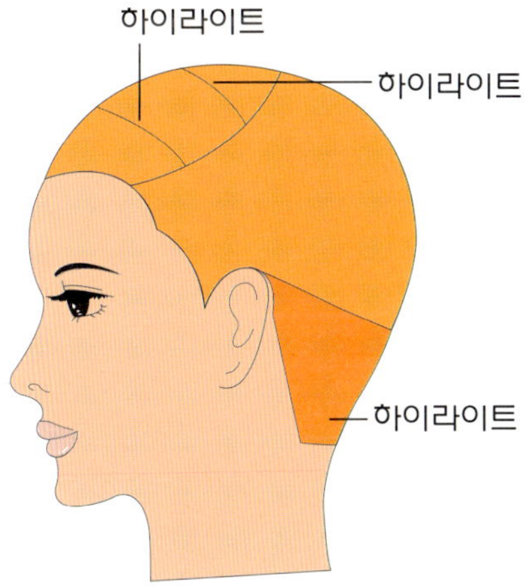

1. 염색볼에 3가지 색깔에 코팅제를 준비한다.
2~15. 하이라이트된 모발에 3가지 코팅을 나누어서 도포한다.

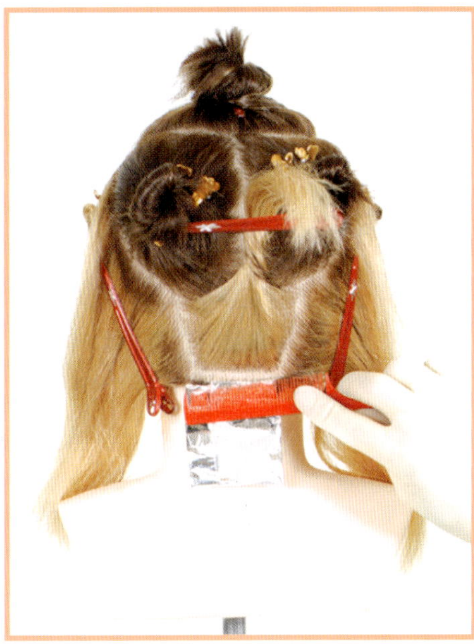

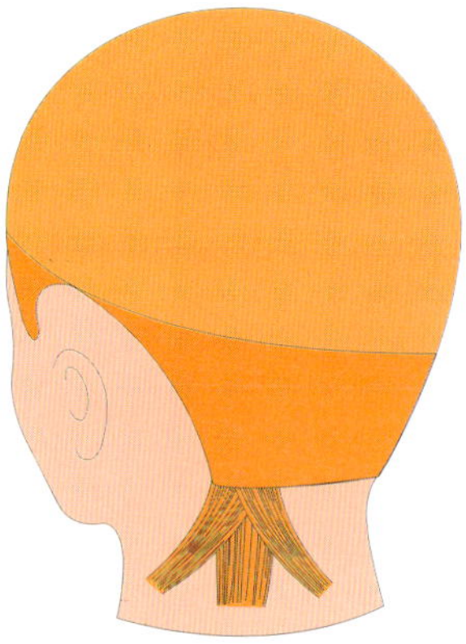

H존 이곳에 모발은 항상 떨어지는 모발의 방향을 생각하면서 시술한다.

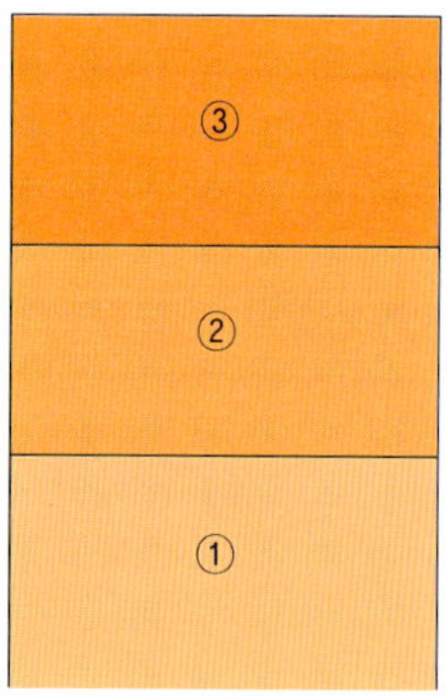

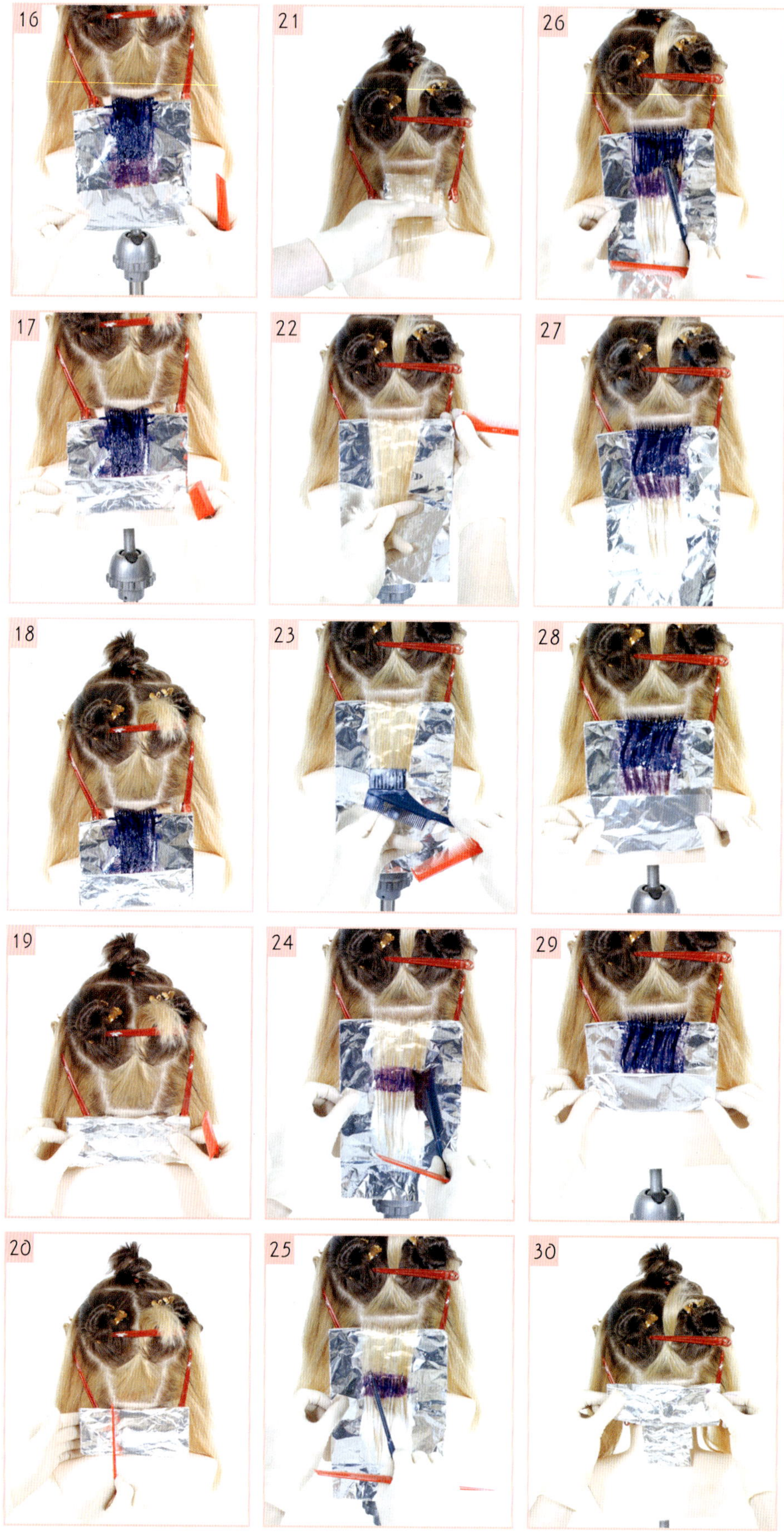

16~30. 1판넬의 모발을 가로로 슬라이스를 뜬 후 모발밑에 호일을 댄후 1/3 영역 끝부분에(①)무색코팅을 도포한 후 호일을 감싸고 그 다음에 조금더 어두운 코팅제를 도포하고(②) 다시 호일로 모발을 감싸고, 나머지 마지막 부분 ③을 어두운 색을 도포하여 모발을 감싼 후 다음 판넬로 동일한 방법으로 시술한다.

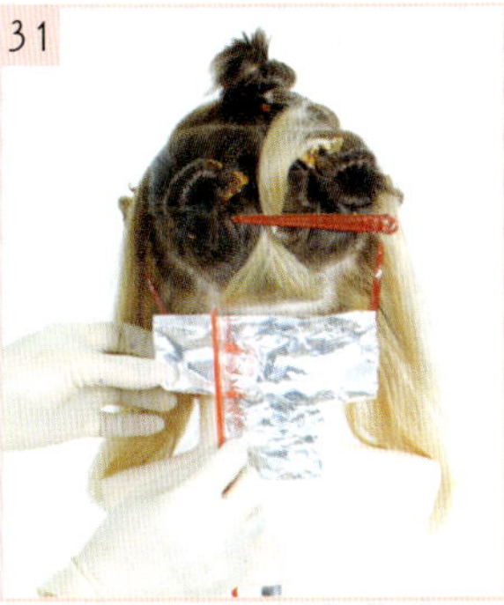
31

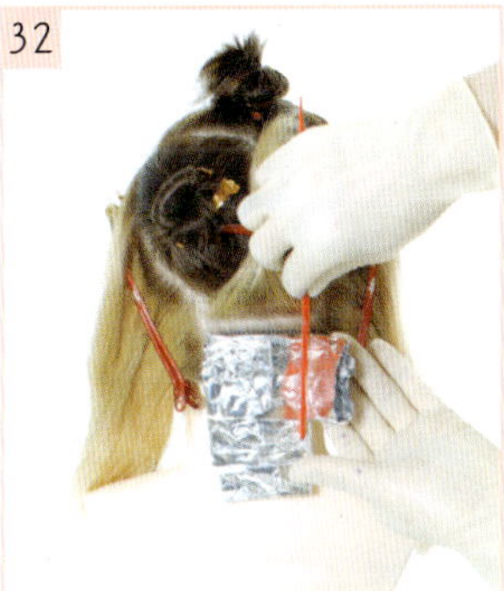
32

33

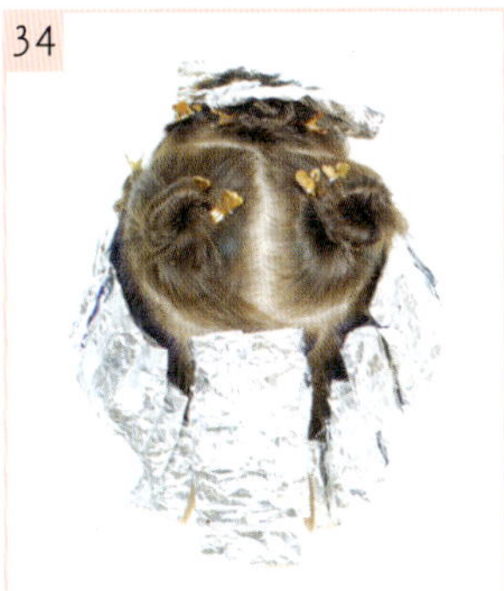
34

35

36

37

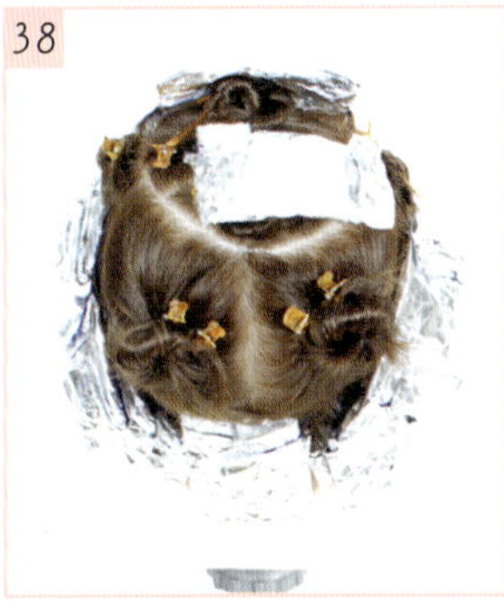
38

39

40

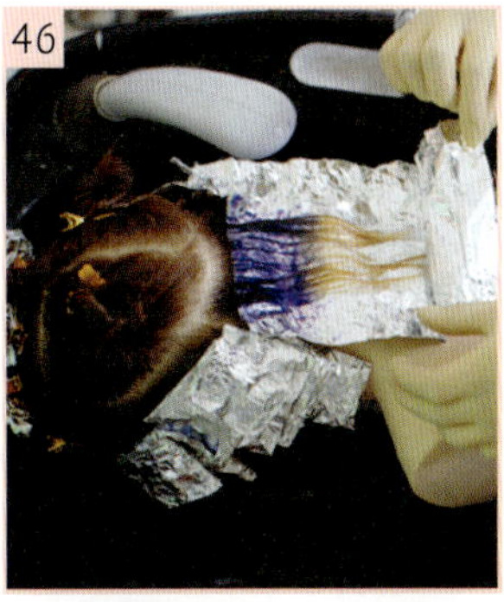
46

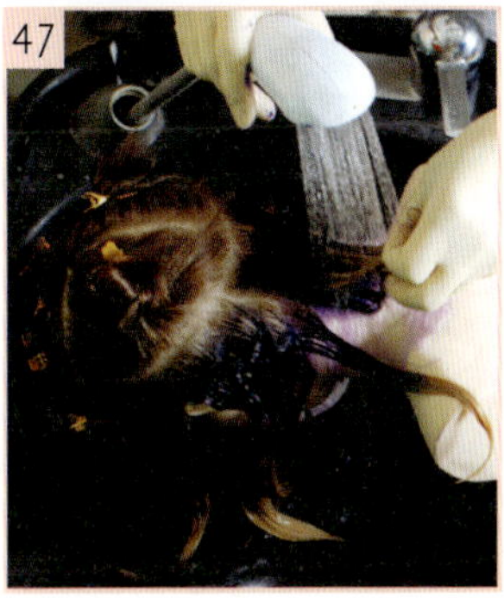
47

48

49

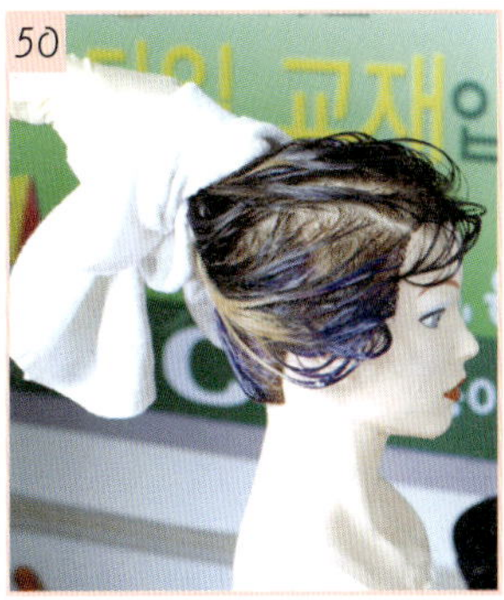
50

씻어낼 때는 그라데이션된 모발이 표현될 수 있도록 흐르는 물로 세워서 씻는다. 타올로 꼭꼭 누르면서 말린다.

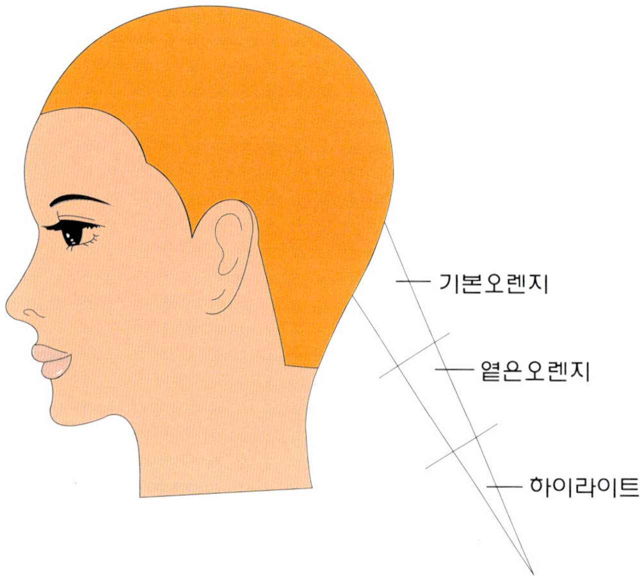

롱헤어의 모발을 그라데이션 색깔로 표현한다.

7. 티피메쉬

팁(tip) – 빗으로 떠낸 머리 다발을 가르키며 여기에 컬러제를 도포한다.

메쉬 – 불어로 머리 다발이라는 의미를 갖으며 전체가 아닌 일부에 컬러를 넣어주는 테크닉이 다.

시술전

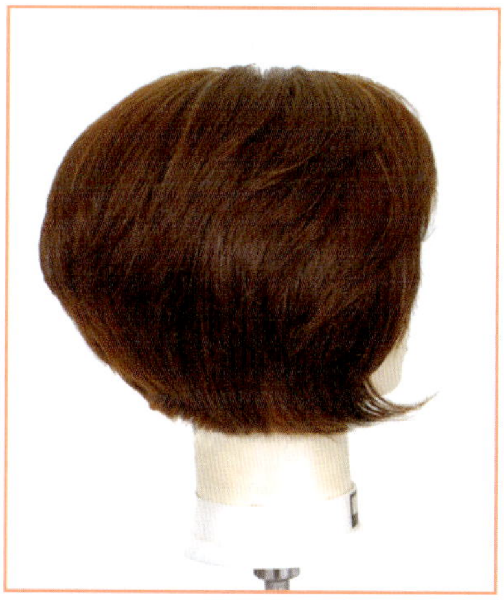

시술후

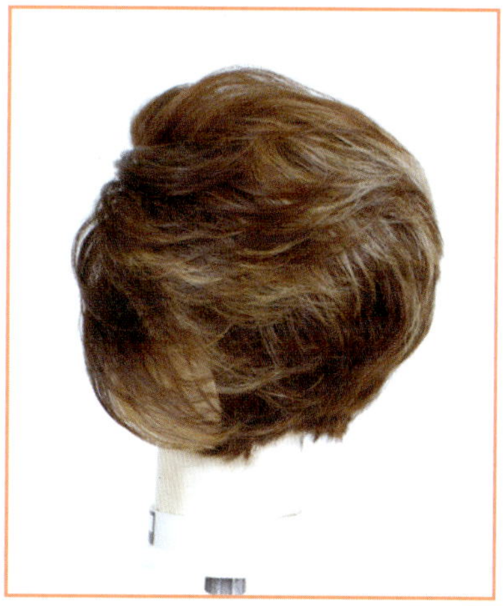

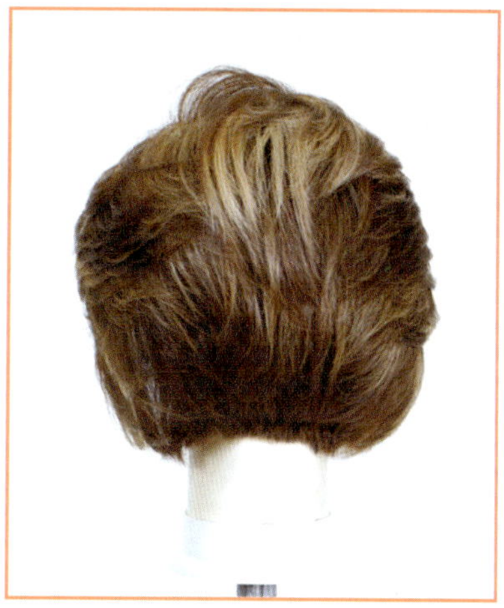

캡을 씌운 후 원하는 만큼의 모발만 뽑아내서 하이라이트를 준다.

1) 브러쉬 온

브러쉬에 묻힌 컬러제를 불규칙하게 도포하는 테크닉이다.
페이스 라인 혹은 가는 티테일에도 응용되며 컬러를 강조하거나 입체감을 살릴때 효과적이다.

시술전

시술후

탈색제 혼합비율 1 : 1

1제의 양이 많은시에는 모발의 흡수력이 떨어지고 pH가 높아진다. 2제 양을 많은시에는 pH가 낮아져서 작용시간이 길어지고, 정도가 낮아져서 도포시 흘러 내린다.

1~15. 빗으로 블리치제를 떠서 선을 만든다. 원하는 곳을 찾아서 빗질한다.

16

17

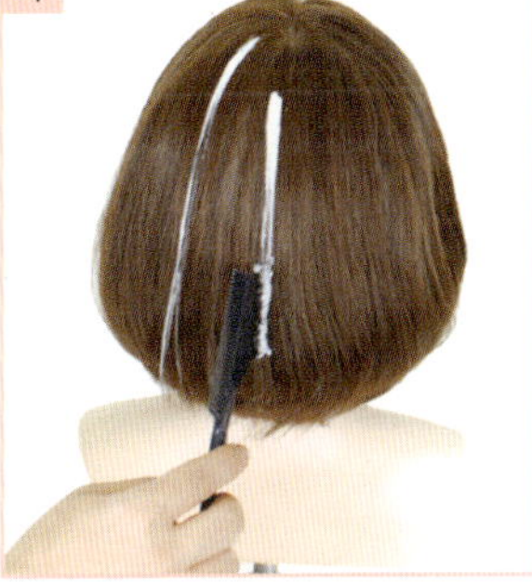

18

19

20

21

22

23

24

25

26

27

28

29

30

VII

컨슈머

컨슈머(Consumer)의 개념

컨슈머(Consumer)란 싸롱(Salon)고객들에게 이루어지는 헤어스타일로 현재와 미래에 유행될 커트와 드라이,핑거(Finger)를 이용한 헤어디자인을 미리 예견하여 제시하는 일반적인 소비자 개념의 상업성이 가미된 낮머리 스타일을 말한다(C컬, S컬, J컬의 드라이 테크닉과 핑거를 이용한다).

프로그래시브라(Progressive)라는 명칭을 일시적으로 사용하기도 하였으나, 컨슈머패션스타일 또는 컨슈머스타일로 불리면서 컨슈머라는 명칭이 통상적으로 사용되고 있다.

Consumer(소비자) - 별개가 아닌, 멀리 있는 것이 아닌...

= Cut + Coloring + Blow(dry) + Comb out

1) 컨슈머(Consumer)의 특징

① 지나치게 예술적이거나 장식성을 배재하고 자연스럽고 우아하게 흐르는 헤어스타일의 흐름이다

② 색상과 컬의 사용에 있어 과감하고 강한 색상보다는 자연스러운 색상을 배식하며 컬의 느낌도 C컬, S컬, J컬의 움직임이 부드럽게 연출되는 웨이브를 형성한다.

③ 전체적인 구도와 형태는 삼각형 또는 마름모형을 이루면서 외각의 실루엣 또는 네이프라인의 연결이 자연스러운 흐름을 보여주어야 한다.

④ 의상과 메이크업 코디는 심플한 스타일로 완성하여 컨슈머 헤어스타일과 전체적인 조화가 이루어지도록 한다.

위의 컨슈머 헤어스타일은 미용기술을 종합적으로 볼수 있는 것으로 국제대회뿐만 아니라 미용과 관련된 미용대회에서 중요한 경쟁 종목으로 채택되어 시대가 변하여도 당시의 유행경향과 미용기법의 변화를 가시적으로 볼수 있는 작품머리로 인정받고 있다.

2) 컨슈머의 헤어스타일을 만드는 과정

① 헤어커트과정

② 색상과정

③ 몰딩과정

④ 스타일링(Styling) 및 콤 아웃(Come out)과정

⑤ 의상, 메이크업과 악세사리 코디

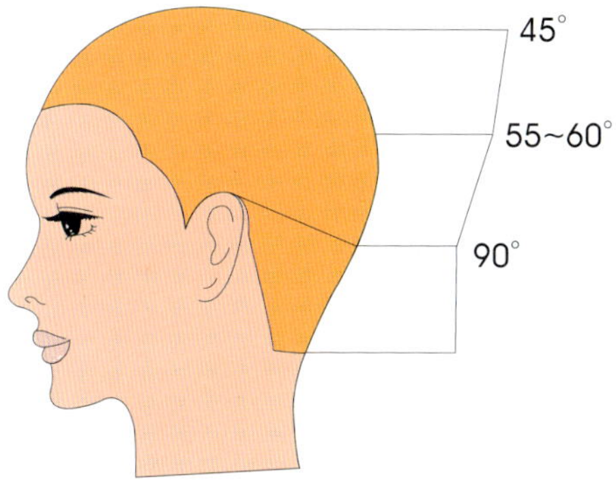

1~3. 커트해서 샴푸한 상태이다.

4~8. 컬러를 넣기 위해 드라이를 해놓은 상태이다.

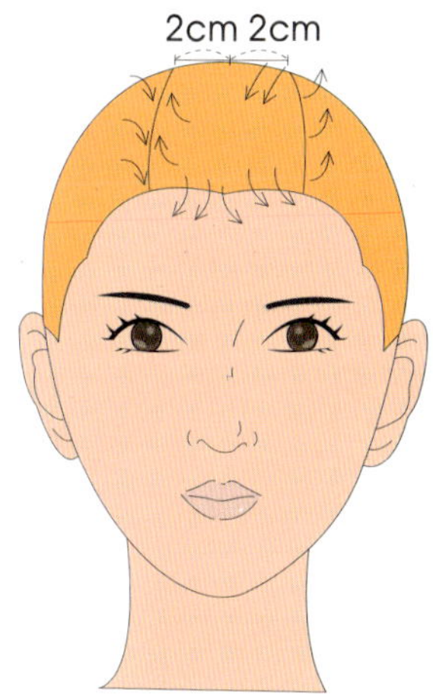

9~15. 컬러를 넣기 위해 브록킹을 타놓은 상태이고 E.P영역부터 시술한다.

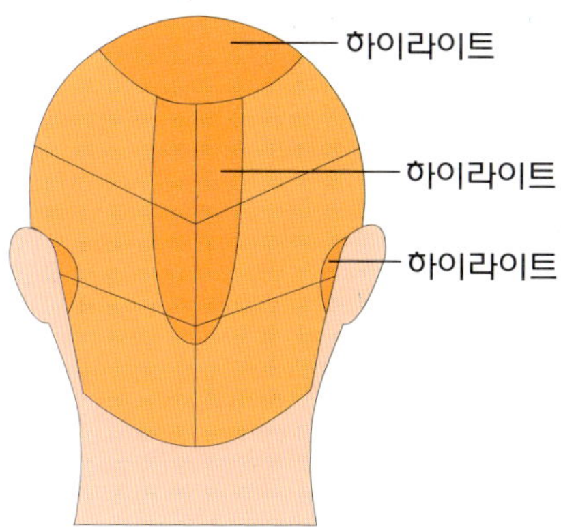

16~30. 귀를 중심으로 C커브섹션을 떠서 이곳에 하이라트를 준다. 곡면체이고 길이가 짧아 호일을 감싸기가 어렵지만 뿌리부터 모발끝까지 도포하여 하이라이트를 준다.

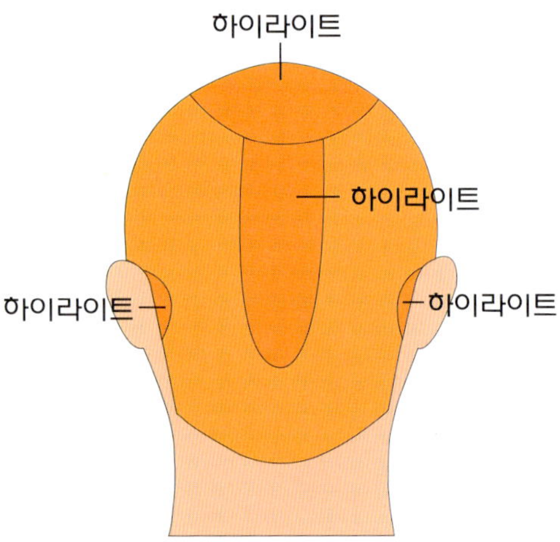

브록킹을 타 놓은 상태이다.

U라인 영역

곡면체가 심한 부분이다.
한쪽부터 시작해서 슬라이스를 떠서 뿌리부터 모발 끝까지 균일하게 도포하여 U라인 영역을 시술한다.

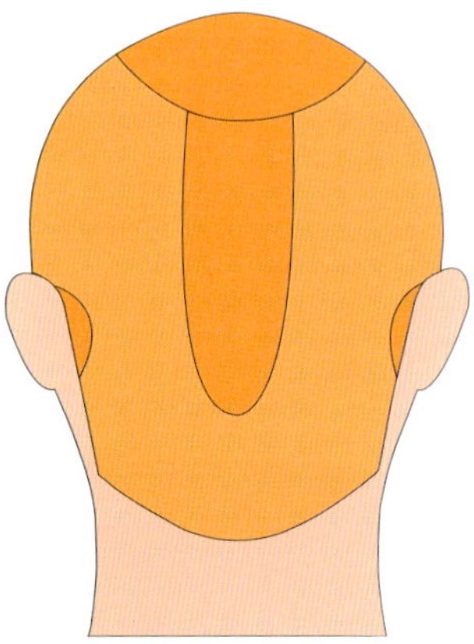

이곳도 곡면체라 힘들지만 세로로 슬라이스를 떠서 모발을 호일에 감싸 뿌리부터 모발 끝까지 균일하게 도포한다.
곡면체가 들뜨지 않도록 두피에 밀착하여 시술한다.

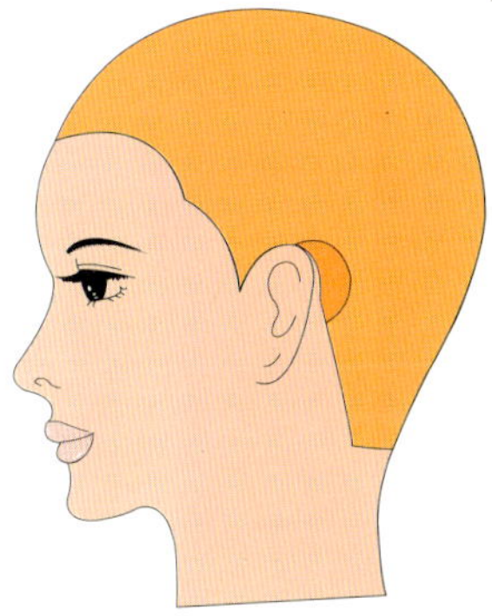

③ 녹색
② 녹색 + 노란색 + 투명
① 하이라이트(무색코팅)

61~63. 하이라이트를 준 후 샴푸한 상태이다.

64~68. 그라데이션을 주기 위해 흐름을 잡아 놓은 상태이다.

69~72. 그라데이션 시술을 위해 브록킹을 타 놓은 상태이다.

73~75. 한 판넬의 모발의 무색 끝부분 ①에는 코팅을 도포하고 호일로 감싼다.

76~87.

①을 도포하고 호일로 감싸고
②을 도포하고 호일로 감싸고
③을 도포하고 감싼다.
이 시술을 반복한다.

88. U라인 영역을 한쪽 사이드부터 그라데이션 시술을 시작한다.

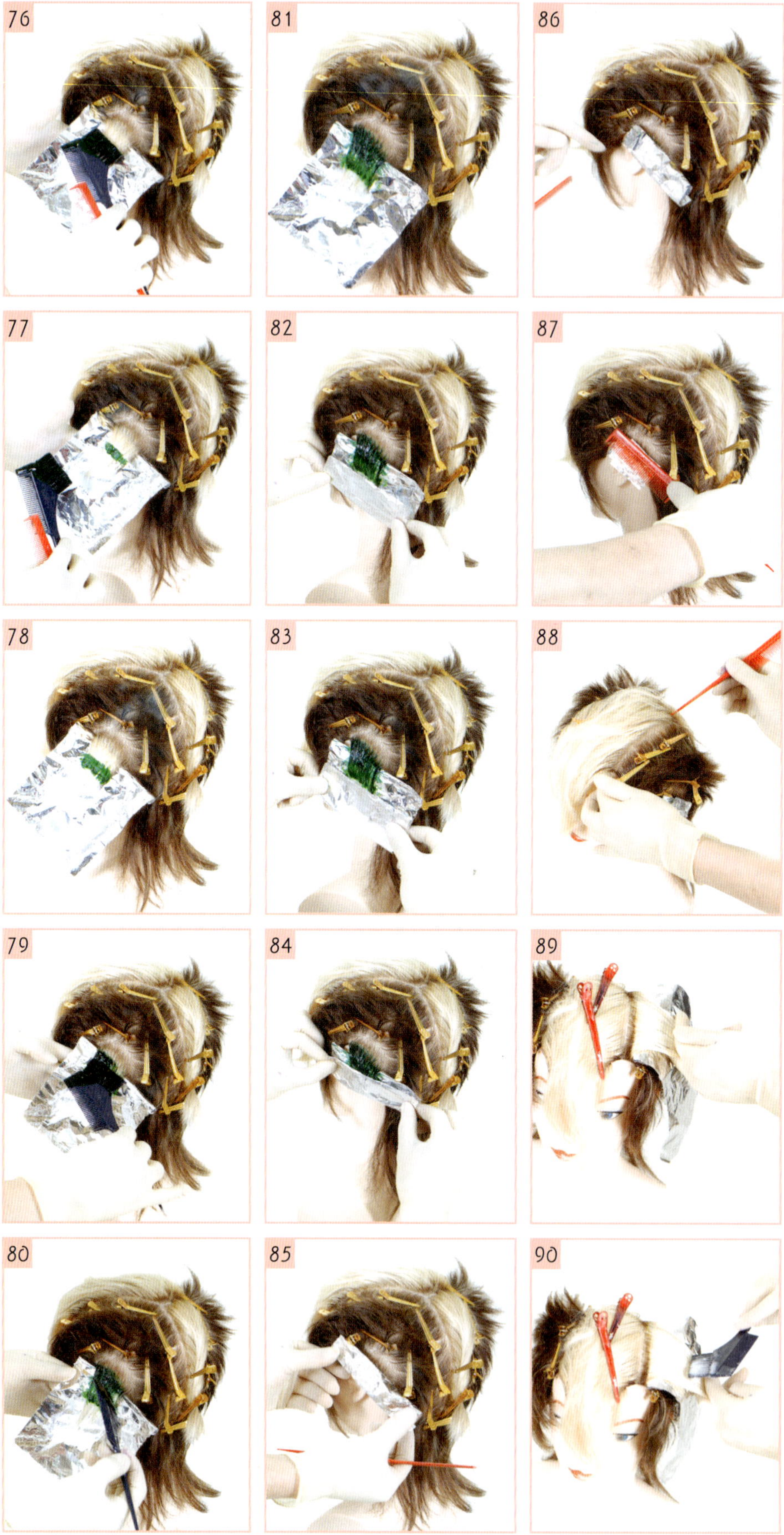

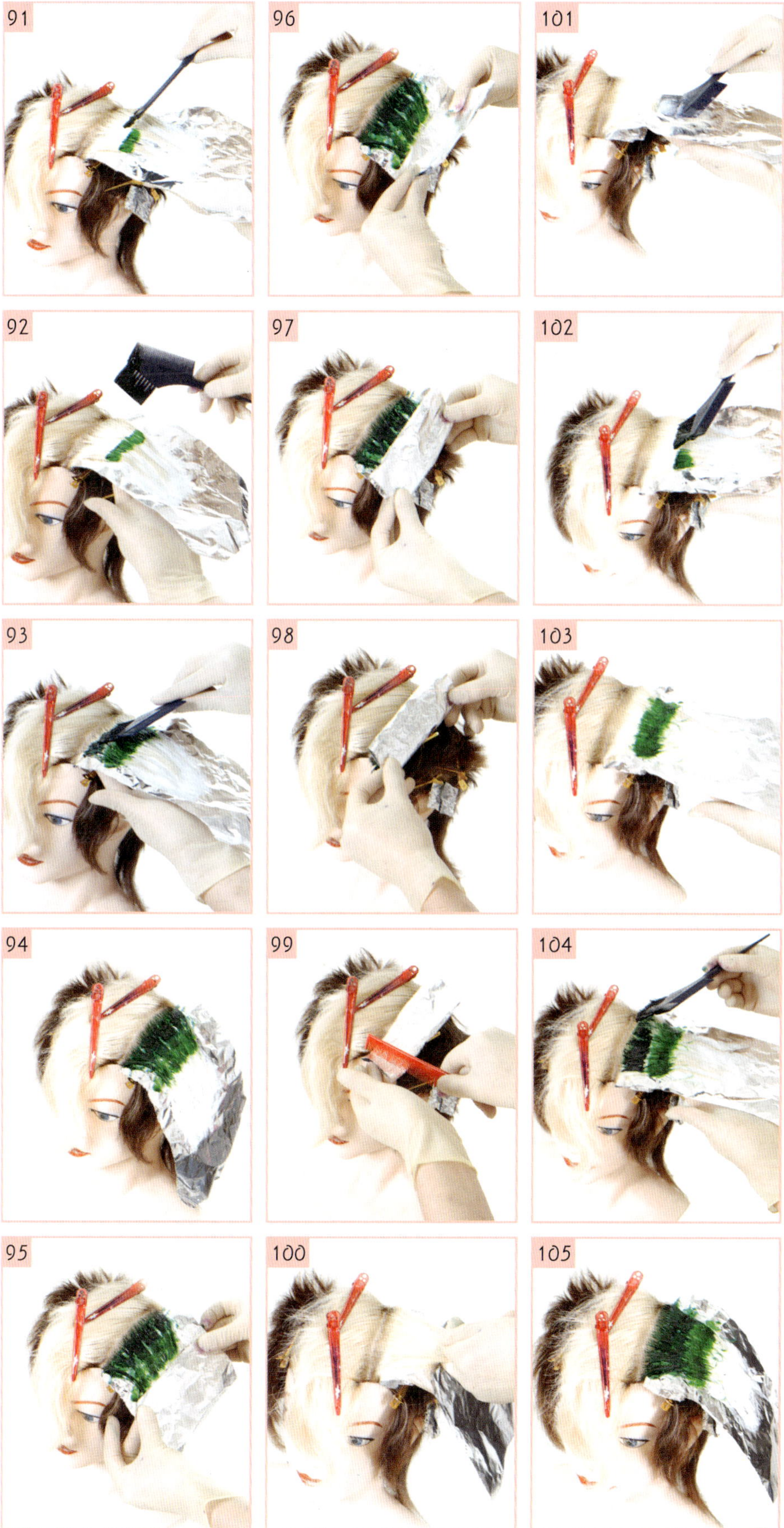

91~105.

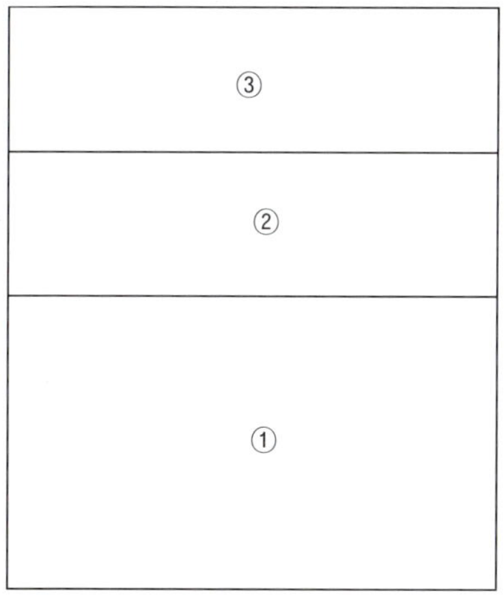

91~105. 모발이 자연스럽게 연결되는 그라데이션 컬러를 시술해야 한다.

①을 도포하고 호일로 덮고
②을 도포하고 호일로 덮고
③을 도포하고 호일로 덮는다.
이 시술을 반복한다.

106

107
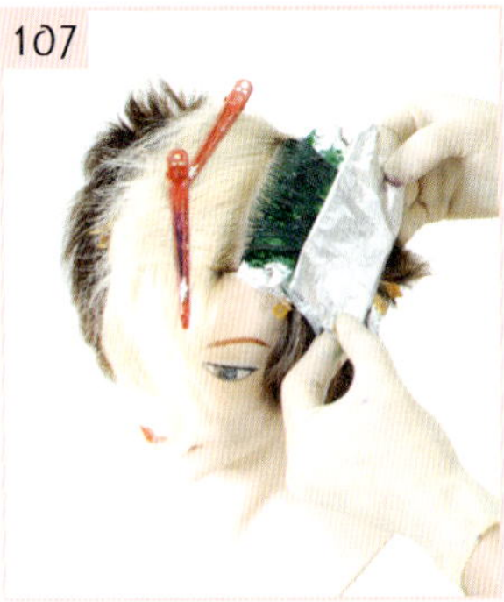
108
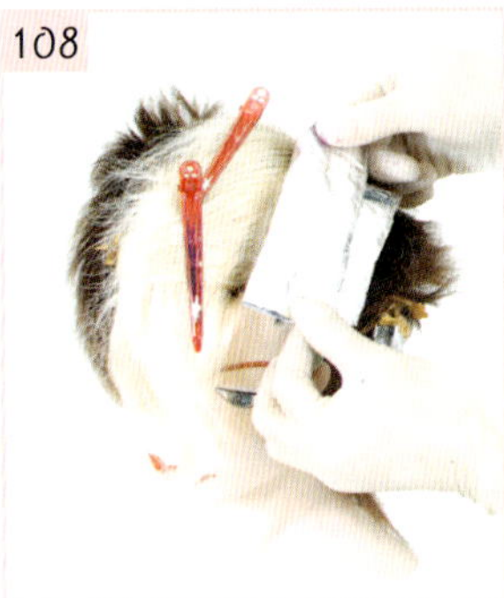
109
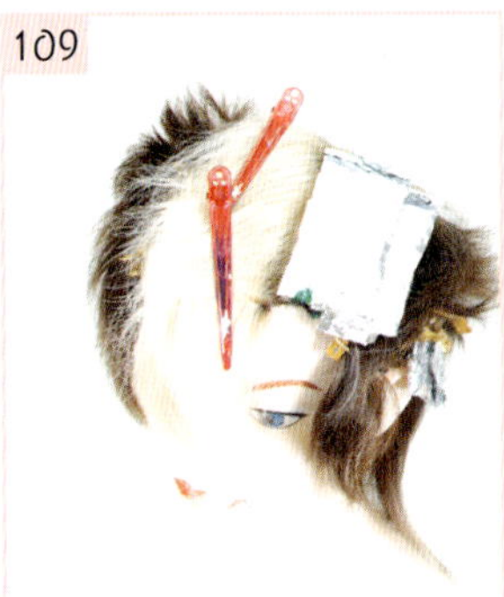
110

111

112

113

114

115

116

117

118

119
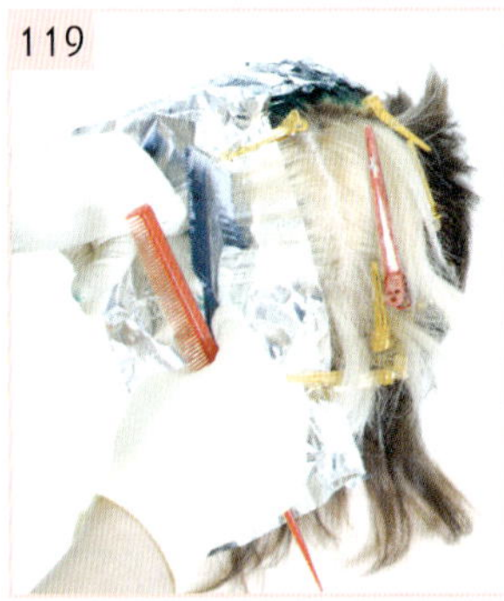
120

121

122

123

124

121~124. 탈색이 종료되고 나면 나머지 코팅제를 섞어서 남은 모발에 바른다.

1. 전두부를 먼저 브록킹을 시술해 놓는다.

2~10.측두부의 모발을 뒤쪽으로 C컬을 만들면서 모근부의 모류의 방향을 잡아주기 위하여 양면브러쉬를 모근부에 밀착하여 후중부를 중심으로 위 모발은 위를 향한 C컬을 만들어 주고 아래 모발은 아래를 향한 C컬을 만들어 주면서 모발끝부분에서는 컬의 흐름이 보이게 시술한다.

11~20. 전두부의 모발은 C,S 컬을 시술하기 위한 모류를 몰딩 브러쉬로 드라이를 이용하여 흐름과 방향을 잡아 준다.

21~34.반대편 측두부의 모발을 모발을 뒤쪽으로 C컬을 만들면서 모근부의 모류의 방향을 잡아주기 위하여 롤브러쉬를 모근부에 밀착하여 후중부를 중심으로 위 모발은 위를 향한 C컬을 만들어 주고 아래 모발은 아래를 향한 C컬을 만들어 주면서 모발끝부분에서는 컬의 흐름이 보이게 시술한다.

35~45.모류를 잡아 놓은 모발을 롤 브러쉬를 이용하여 모발끝 부분의 모발을 C컬, S컬을 시술하기 위한 방향대로 웨이브를 잡아준다.

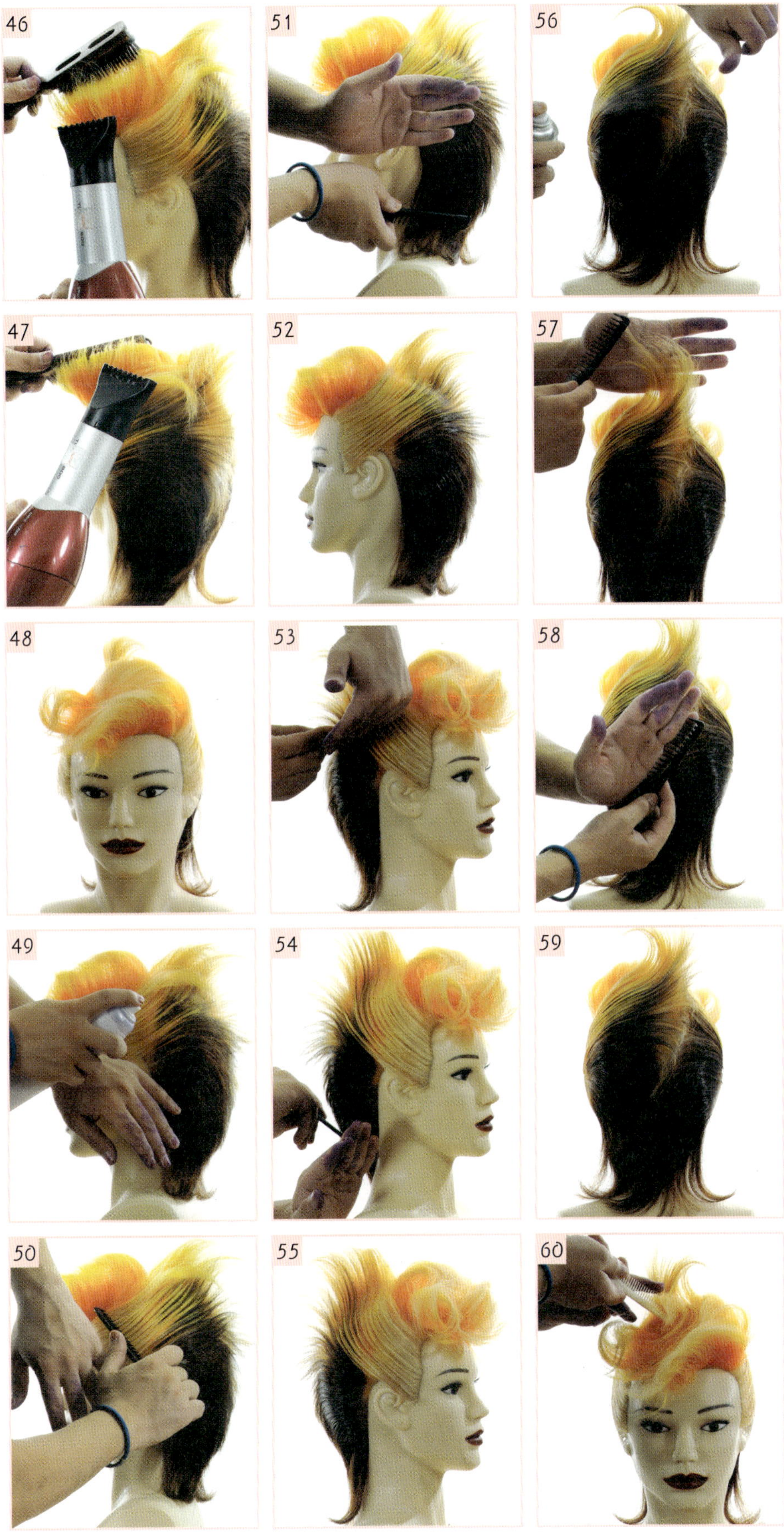

46, 47. 다시 덴멘 브로쉬로 모류의 흐름과 웨이브가 가고자 하는 방향을 잡아준다

48. 전두부의 모발은 C컬, S컬을 시술하기 위한 모류를 몰딩 브러쉬로 드라이를 이용하여 흐름과 방향을 잡아준 상태이다.

49~55. 빗을 이용하여 측두부의 모발과 후중부의 모발을 위 모발은 위를 향한 C컬을 만들어 주고 아래 모발은 아래를 향한 C컬을 만들어 주면서 모발끝부분에서는 컬의 흐름이 보이게 시술한다.

56~57. 스프레이를 분사하여 시술해 놓은 모발을 고저한다.

58~59. 다시 한번 곱게 빗질한다. 스타일링하기(메쉬만들기)

60. 스프레이를 분사하고웨이브가 시작될 P, P점으로부터 메쉬를 만들 부분의 모발을 가볍게 잡는다.

61. 검지와 중지의 사이에 모발을 넣어서 자연스런 C컬의 느낌을 만든다

62~72. 메쉬의 진행을 하나씩 좀 더 크게 C컬을 만들어서 전체적인 구도를 잡고 흐름과 방향을 진행한다.

73~76. 모류가 강한 부분에 방향과 흐름을 줄 곳은 먼저 핀컬로 고정하면서 시술한다.

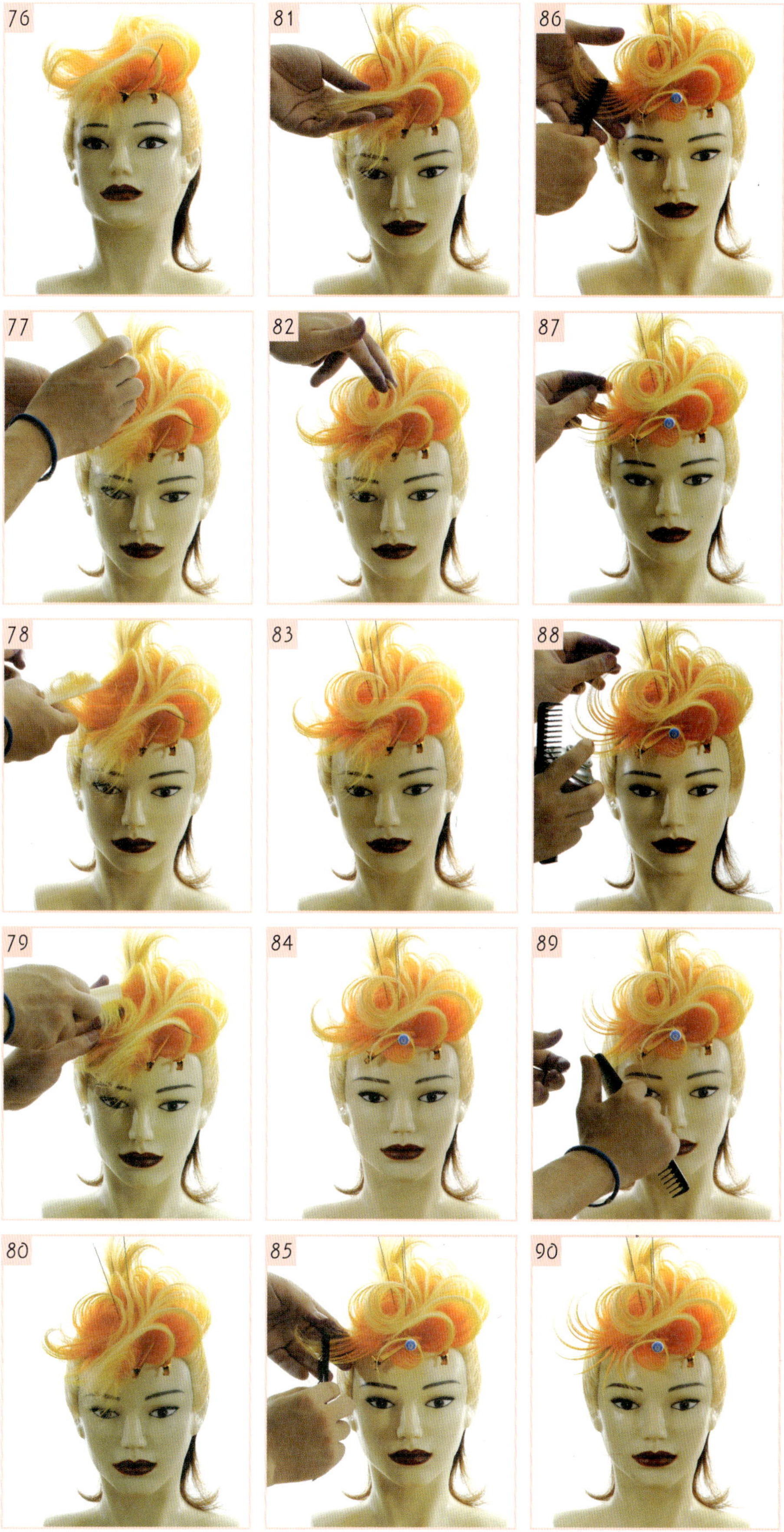

77~87. 메쉬를 최대한 얇게 뜨고 중지와 검지를 이용하여 C컬,S컬의 웨이브를 만들고 모발끝부분까지 매끈하게 하여 스프레이를 분사하여 고정시킨다.

88. 웨이브가 아쉬운 부분은 손으로 다시 한번 시술하고 스프레이를 분사하여 고정시킨다.

89. 웨이브가 수정하고 싶은 부분은 다시 한번 빗질하여 시술하고 스프레이를 분사한다

90. 시술이 완료된 상태이다. 모근부에 스프레이를 분사하고 드라이의 약한 바람으로 고정한다.그리고 핀을 뺀다.

③ 오렌지
② 연한 오렌지(투명 + 오렌지)
① 하이라이트(투명)

하이라이트 시술후
그라데이션 컬러를 넣는다.

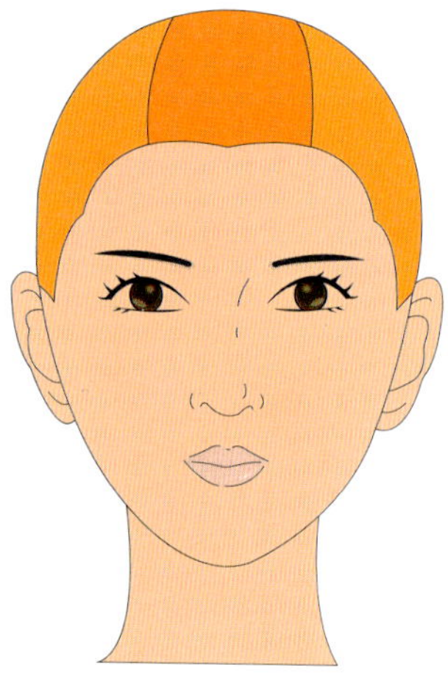

③ 오렌지

② 연한 오렌지(투명 + 오렌지)

① 하이라이트(투명)

하이라이트 시술 후
그라데이션 컬러를 넣는다.

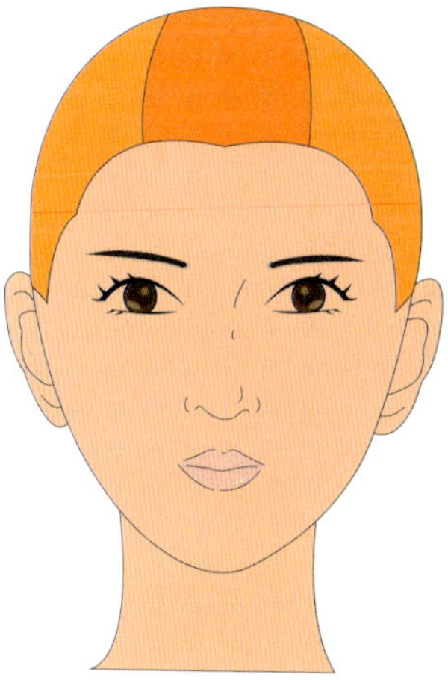

③ 보라
② 연한 보라(투명 + 보라)
① 하이라이트(투명)

하이라이트 시술 후
그라데이션 컬러를 넣는다.

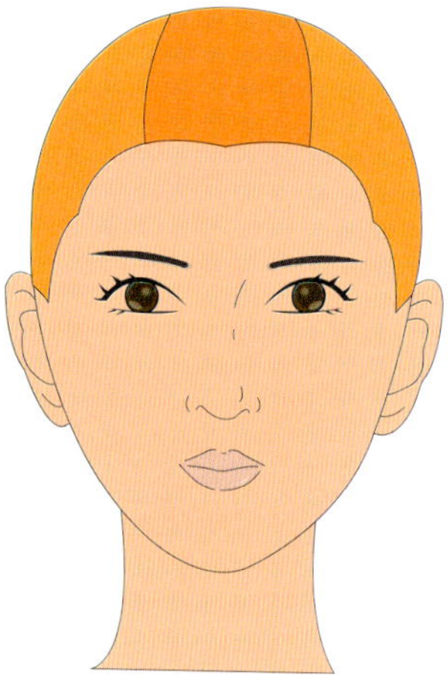

모발진단서(Diagnosis form)

성 명		시술일	
생년월일		시술자	
E-mail			
머리길이			
커트의 형태			

모발의 상태				
모 질	□ 지성모	□ 보통모	□ 건성모	
	□ 발수성모	□ 보통모	□ 흡수모(손상)	
	□ 굵은모	□ 보통모	□ 가는모	
모 량	□ 多	□ 中	□ 小	
손상부위	□ 전체	□ 모발중간	□ 모발끝	□ 기타
컬 러	□ 宥	□ 無	□ 탈색	□ 기타
펌유무	□ 宥	□ 無	기간 :	종류 :
두피의 상태				
탈모증의 유무	□ 宥	□ 無	□ 기타	
샴푸횟수		린스의 사용 유무		
드라이어 사용횟수		열기구의 사용횟수		
본래의 머리결		사용중인 제품		
평소 헤어스타일이 원하는 대로 유지 되는가?				
건조한 모발 감촉				
젖은 모발 감촉				

★ 연습 작품 ★

★ 나의 작품 뽐내보기 ★

Ⅷ

컬러테크닉과 디자인 용어

＊ 과산화수소수, 옥시, 하이드로젠 페록사이드, 2제, 페록사이드, H_2O_2 ＊

알카리컬러제와 블리치제는 2제와의 혼합으로 효과를 발휘한다(헤어컬러의 경우 2제는 과산화수소수). 옥시돌을 줄여서 OX(옥시), 하이드로젠페록사이드를 줄여서 페록사이드, H_2O_2 모두 과산화수소수를 말한다. 농도가 높을수록 멜라닌색소를 분해하는 탈색효과도 높아지나 그만큼 헤어손상도 심해진다. 현재 국내에서는 6%(20v)라는 사용제한이 있으나 구미에서는 이보다 높은 농도(9~12%)도 시판되고 있다. 아주 밝은색이나 백색에 가까운 블리치를 원할때는 당연히 농도가 높은쪽이 효과도 좋으나 모발손상을 고려하여 원하는 컬러나 모질에 맞추어 기준내에서 농도조절을 한다.

＊ 그라데이션 컬러 ＊

모발에 색조의 그라데이션(단계)을 주는 컬러링.

머리뿌리~중간~끝, 혹은 페이스라인~탑~사이드~백에 걸쳐 그라데이션을 주는데 여기에는 몇가지 응용기법이 있다.

가장 자연스럽게 보이는 그라데이션 컬러는 뿌리쪽은 어둡게하고 모발 끝으로 갈수록 밝아지게 하는 것이다.

＊ 그레이브랜딩, 백모염색 ＊

백모를 눈에 띠지 않게 하는 테크닉을 말한다.

기존의 백모염색에 비해 훨씬 자연스러워 보인다.

＊ 그레이징 ＊

하이라이트 시술후에 광택을 내기 위해 투명한 산성컬러를 도포해주는 것.

＊ 기염모 ＊

컬러링한 색깔이 남아있는 머리나 그 부근의 머리카락.

＊ 난색(warm color) ＊

따뜻한 느낌의 색이나 팽창하여 보이는 색으로 노랑, 주황, 빨강색 계통을 말한다.

＊ 내츄럴 라이징 ＊

여러 색깔의 머리를 브랜드하여 소프트하고 밝은 컬러와 무거운 느낌의 컬러를 내츄럴 헤어에 넣는 것.

＊ 내츄럴 컬러 ＊

헤어컬러를 하지 않은 자연모 상태의 컬러 혹은 화려하지 않으면서 튀지 않는 자연스런 느낌의 색조를 말한다. 7~8톤 정도의 명도인 브라운계로 처음 컬러링하는 사람에게 권할 만하다.

＊ 다색 컬러 염색 ＊

패널마다 다른 색을 도포하는 것으로 컬러풀해 보이긴 하지만 통일감이 없어 보인다.

분리선을 바꾸는 것에 의해서도 또 다른 이미지를 줄 수 있다.

선명한 색의 응용으로 〈그래픽 컬러〉로 부르기도 한다.

＊ 단모 ＊

모발의 포러스 상태가 계속되면 모발손상은 더욱 심해져서 모발 끝이나 일부가 잘라져 나가기 시작한다. 특히 하이블리치를 여러번 반복하여 화이트 블리치 정도의 상태가 되면 머리가 약해지고 끊어지기 쉬워진다.

＊ 단색염색(solid color, one make color) ＊

모발전체에 한가지 컬러제를 도포하는 것. 염색 직후는 괜찮지만 1개월 정도 경과 후에는 신생부와 기생부의 경계가 드러나 지저분해 보인다. 집에서 시술할 경우는 대부분 이 방법으로 도포하기 때문에 매우 간단한 테크닉이라는 이미지가 있다. 하지만 두피의 온도차, 도포시작과 마무리의 시간차 등으로 얼룩이 생기기 쉬우므로 사용컬러제와 도포순서, 도포량 등을 사전에 충분히 검토해야 한다.

＊ 더블 프로세스 ＊

머리색의 명도를 높여준 뒤 최종적으로 희망 컬러를 넣어주는 이중 컬러 기법.

블리치한 후에 산성컬러 혹은 알칼리컬러 등으로 2가지 프로세스를 조화롭게 시술하는 컬러링이다.

＊ 디멘쇼날 컬러 ＊

2~3가지의 하이라이트를 조화시키는 것으로 입체감을 살리는 컬러테크닉. 두 레벨이상 높이면 부자연스러워 질수 있지만 같은 계통의 색을 사용하면 연출이 자연 스럽다.

＊ 디자이닝 컬러 ＊

헤어디자인은 소재미(개성), 조형미(컷, 펌), 색체미(컬러링)의 조합이라고 할수 있다. 스타일을 만들때 컷이나 펌 등의 조화를 고려하여 헤어컬러디자인을 결정해야 한다.

단, 컬러링은 펌 시술후 1주일 이상 경과후에 해주는 것이 좋다. 산성컬러나 헤어메뉴큐어는 동시에 할 수 있으나 펌 직후에는 컬러가 지속 될수 있도록 반드시 모발을 산성으로 돌려놓고 컬러링을 해주어야 한다.

＊ 라이트너 ＊

블리치제와 거의 같은 효과를 지닌 약제로 탈색제를 가르키기도 한다.

＊ 라이트닝 ＊

머리에서 천연, 인공색소를 빼주는 것. 탈색, 탈염, 블리치와 동의어임.

＊ 랩 ＊

컬러링의 경우도 펌과 마찬가지로 프로세스 타임을 둘때 상온,혹은 가온상태로 방치 하는데, 컬러링제의 효과를 높이기 위해서는 랩으로 싸서 온도를 유지시키는 것이 좋다.

펌 시술시 씌워주는 캡과 기능은 유사하나 캡의 경우는 힘들게 말아준 페이퍼나 호일이 벗겨질 염려가 있으므로 형태를 자유롭게 잡아줄수 있는 랩을 사용하는 것이 좋다. 랩은 약액의 산화와 건조를 지연시키는 역할도 한다.

＊ 레벨(LEVEL UP, LEVEL DOWN) ＊

톤과 동의어이다.

＊ 로우라이트, 로우라이팅 ＊

하이라이팅과는 반대로 부분적으로 선택한 모발을 어둡게 염색해주는 것.

백모염색이나 하이라이트에서 머리가 너무 밝게 나왔을때, 전체를 원컬러로 어둡게 발라주는 것이 아니라 부분적으로 어두운 컬러를 입혀 음영을 주면 전체적으로 차분한 분위기를 연출할 수 있다.

⋆ 리메이크 ⋆

컬러링하고 일정 기간후 기존 컬러링을 수정해 주는것을 말한다. 홈컬러로 얼룩이 생긴 머리나, 이전 컬러에 싫증을 느낀 사람에게 새롭게 컬러를 넣어 주는 테크닉을 말한다.

<리터치>와의 차이점은 부분적 수정뿐만이 아닌 전체를 수정해준다는 것이다.

전과는 전혀 다른 컬러로 시술할때도 <리메이크>라고 한다.

⋆ 리무버, 다이리무버, 다이솔벤트 ⋆

모발에서 염색 성분을 빼주는 약제. 특히 헤어메뉴큐어나 산성컬러는 색소가 잔류해 있는 경우가 많아 컬러체인지 할때 잔류색소의 영향으로 색이 지저분해 지기 쉽다. 따라서 리무버 등으로 잔류색소를 가능한 깨끗이 빼준다. 기존 컬러가 진할 경우에는 완전히 빠질때까지 리무버를 반복하여 도포해준다.

⋆ 리버시블 컬러 ⋆

업스타일 일때와 머리를 내렸을때의 컬러연출이 달라지는 것으로 '뒤집을 수 있다'라는 의미의 리버시블은 컬러링의 경우 머리를 상하 혹은 좌우의 움직임에 의해 컬러의 느낌이나 정도가 달라지게 하는 테크닉이다.

⋆ 리터치 ⋆

염색한 후 자라난 뿌리쪽 머리(신생부)를 다시 한번 염색해주는 것. 신생부는 이전과 같은 컬러로 도포해 주는것이 기본이지만 기염부의 중간과 모발끝이 이미 퇴색하기 시작했고, 헤어손상도 고려하여 볼때 약간 엷은 컬러로 번지듯 가볍게 처리해주는 것이 좋다. 이렇게 하면 기염부와 신생부의 컬러 경계가 드러나지 않게 된다. <리메이크>도 비슷한 의미로 쓰이지만 <리메이크>보다는 <리터치>가 어느 한 일정부분의 수정이라는 뉘앙스가 강하다.

⋆ 머드계 ⋆

광택이 없는 둔탁한 느낌의 컬러로 dark green계열의 갈색을 말한다. 흑모에 그대로 도포하면 컬러자체가 어둡기 때문에 색깔이 나오기 어렵다.

⋆ 멋내기 염색 ⋆

백모나 흑모(주로 흑모)에 명도나 색조의 변화를 주거나 동일한 톤에서 색조에 변화를 주어 시술하는것.

⋆ 메쉬 ⋆

불어로 머리다발이라는 의미를 갖으며, 전체가 아닌 머리 일부에 컬러를 넣어주는 테크닉.

원컬러 시술보다는 전체적인 디자인과 발란스를 고려해 몇군데에 여러가지 컬러를 입히거나 탈색해 준다.

⋆ 멜라닌 색소 ⋆

피부와 모발에 있는 흑갈색~검은색의 색소. 인체에 유해한 적외선을 흡수하여 체내에 나쁜 영향을 끼치지 않도록 하는 작용과 적외선을 과도하게 쐬였을 경우 멜라닌 증식으로 피부에 기미가 생긴다.

멜라닌 색소에는 유멜라닌(흑갈색~검은색)과 페오멜라닌(황색~적색)이 있다.

유우멜라닌은 산과 알칼리에 강하고 유기농매에 잘 녹지 않는다. 흑인과 황인종에 많다.

페라오 멜라닌은 알칼리에 녹기쉬운 고분자체로 유황분을 함유하고 있다. 백인에게 많다.

동양인의 흑모는 유멜라닌이 많으며 사이즈도 크고 양도 많기 때문에 잔류하기 쉬우며 서구인들 같은 브론즈 컬러로의 염색이 어렵다.

* 믹스 *

톤,색감 혹은 다른 컬러링제를 컵에 넣고 섞어주는것을 말함.

알칼리 컬러제는 1제와 2제를 믹스해주는데, 믹스 직후가 염색력이 가장 강하므로 신속하게 도포해 준다.

* 반 영구 염색제 *

모발표면에 부착하여 헤어메뉴큐어, 산성컬러 등으로 부드러운 컬러감이 유지되는 컬러링제.

성분 자체가 멜라닌 색소를 분해하지 않고 모발을 그대로 감싸줄 뿐이므로 선명한 색감은 없으나 헤어 손상은 거의 없다.

* 백모 염색 *

전체가 흰머리이거나 혹은 대부분이 흰머리인 고객에게 시술하는 컬러. 기본적으로 흑발과 흰머리색을 똑같이 맞춘다고 생각하나 톤을 올리고 싶을 때에는 멋내기 염색용 컬러제를 사용해 준다.

* 백발도 *

전체모발에 어느정도가 백발인지의 비율을 표시한 것.

백발도에 따라 사용할 컬러제의 종류와 분량이 결정된다.

* 백콤 컬러 *

머리를 백콤으로 세워준 후 고무장갑을 끼고 염색제를 손끝에 덜어가며 머리끝을 잡아쥐거나 꼬아 부비면서 불규칙하게 컬러를 입히는 테크닉을 말한다.

백콤으로 머리를 어떻게 세워 주느냐에 따라 컬러의 표정이 살아나며 머리 끝이 펴진 숏헤어에 잘 어울린다.

* 버진헤어(virgin hair) *

펌, 스트레이트, 컬러링 등의 화학 처리를 한 적이 없는 손상없는 머리.

* 버터 플라이 팁 *

레이어, 틴닝 혹은 슬라이드 컷등으로 상당히 숱을 쳐준 상태라면 위빙으로는 머리뿌리부터 중간까지 밖에 컬러가 들어가지 않을 수 있다. 이럴때 <버터 플라이 팁>을 부분적으로 응용하면 머리 끝까지 컬러를 넣을 수 있다.

빗끝으로 성기게 팁을 잡은뒤 백콤을 넣어 도포부분과 도포하지 않은 부분의 경계를 드러나지 않게 하면서 모발 끝에 컬러제를 도포한다.

1. 위빙으로 성기게 팁을 잡고 백콤을 넣는다.
2. 컬러제를 도포한다.
3. 호일을 반으로 접는다.
4. 다시 반으로 접는다.
5. 머리카락이 밖으로 빠지지 않도록 사각의 윗부분을 양쪽에서 안으로 접어 삼각형이 되게 한다.
6. 호일로 완전히 감싼 상태.
7. 버터플라이팁으로 컬러링한 상태.

*** 벨트 ***

컬러시술한 머리를 호일로 감싸줄때 지지대 역할을 해준다.

호일을 안쪽으로 2번 길게 접은후 머리에 직접대고는 4번 접어 사용한다. 실제 사용시에는 둥근 머리에 딱 맞게 나눌수 있도록 벨트 중앙부분은 선을 세우지 말고 살짝 접어주는 것이 좋다.

1. 호일을 안쪽으로 길게 반 접는다
2. 다시 한번 길게 반 접는다.
3. 2번 접어준 상태에서 가운데 부분은 선이 서지 않게 말아준다.
4. 호일링한 패널의 뿌리쪽에 벨트를 댄다.
5. 패널을 들어 벨트의 한쪽 끝을 접어 감싼다.
6. 벨트를 안쪽(패널 아래쪽) 에서 부터 대고 감기 시작하여 바깥쪽(패널 위쪽)까지 감아준다.
7. 벨트 고정 완성.

*** 보색 ***

색상환에서 정반대에 위치하는 색으로 보색관계의 2가지색을 섞으면 갈색 혹은 블랙이 된다.

예를들면 녹색의 보색은 빨강, 청색의 보색은 주황, 노랑은 보라가 보색이 된다.

*** 볼 ***

컬러링 직전에 튜브에서 짜낸 컬러제를 담는 용기. 볼에 과산화수소를 섞어 주기도 하고, 컬러링제를 섞어주기도 한다.

미끄러지지 않게 바닥에 줄이 들어가 있는 것도 있고 컬러를 빨리 확인할 수 있도록 용기가 투명한 것도 있다.

*** 브러쉬 ***

블리치제, 알칼리컬러제, 산성컬러제 등을 도포할때 이용.컵에 컬러링제를 넣고 섞어줄때, 모발에 컬러링제를 도포한 후 약제를 균일하게 펴줄때 사용한다.

*** 브러쉬 온 ***

브러쉬에 묻힌 컬러제를 모발에 불규칙하게 도포하는 테크닉.

페이스라인 혹은 가는 디테일에도 응용되며 컬러를 강조하거나 입체감을 살릴때 효과적이다.

*** 블리치 제 ***

모발을 탈색하기 위한 약제로 색소는 함유하고 있지 않다. 모발자체의 멜라닌 색소를 분해하는 것으로 모발에 새로운 컬러를 입히는 것이 아닌, 탈색에 의해 명도가 올라간다.

방치시간에 따라 갈색-적황색-금색-노랑-엷은노랑이 된다(파우더 블리치 : 블리치제가 파우더(분말) 상태로 되어있어 과산화수소수에 풀어 사용한다.).

*** 비비드 컬러 ***

산성컬러 혹은 헤어 메니큐어에서 볼수 있는 핑크, 오렌지, 블루 등으로 색상이 선명한 컬러를 말한다. 1차로 화이트 블리치한 후에 헤어 메니큐어와 산성컬러 등으로 색을 입힌다. 컬러제 자체의 선명한 색상을 그대로 머리에 옮길수 있다.

*** 살롱 컬러(salon color) ***

미용실에서 하는 컬러링.

프로만의 테크닉과 기술을 살리므로 안심하고 머리를 맞길수 있으며 얼룩이 없는 깨끗한 컬러링이 오래 지속된다.

*** 섹션닝, 블로킹 ***

시술전 머리를 구분지어 나누는것. 컬러링의 경우 컬러를 입힐 부분, 컬러가 잘 안되는 부분을 먼저 도포해주기 위해 블로킹한다.

*** 소프트, 소프트 효과 ***

머리의 자연스러운 색소를 염색제 등을 이용해 밝게 만드는것.

*** 스트랜드 컬러 ***

스트랜드란 '머리다발' 이란 의미.

패널 하나하나마다 다른 색감의 컬러를 넣어 단색으로는 표현하기 힘든 입체감을 살려주는 테크닉.

*** 스트리킹 ***

스트리킹은 '줄, 근육' 의 의미. 아주 가늘게 밝은 컬러를 한줄 넣어서 모발에 콘트라스트를 주는 컬러테크닉.

*** 스포이드 컬러 ***

펌시술시 사용하는 스포이드에 컬러제를 넣어 흔들어준 뒤, 모발표면에 흘려주는 테크닉.

굵은 빗으로 도포하는 것보다는 가는 라인의 컬러가 들어가며, 모발 위에서 유니크한 디자인이 살아나 연출효과를 강조할 수 있다. 분량조절이 가능하므로 균일하게 도포할수 있다.

*** 슬라이싱 ***

슬라이스란 잘라낸 한 부분이란 뜻.

머리다발을 작고 얇게 뜬 후 그 상태에서 헤어컬러를 넣는 테크닉으로 라인이 강조된다.

위빙보다 컬러가 확실히 살아나면서 머리전체를 염색하고 싶지 않은 사람에게 권유 할 만하다.

*** 신생모 ***

컬러링한 후 새롭게 자라난 머리나 그 부근을 말함.

roots, 리스로스라고도 한다.

컬러링 후 시일이 지나면 기염모와의 경계가 생기므로 리터치하여 자연스럽게 이어준다.

*** 싱글 프로세스, 원프로세스 ***

탈색, 톤업과 컬러체인지를 한번에 동시 시술하는 방법으로 사전처리없이 1회로 원하는 컬러를 입히는 프로세스이다.

*** 써멀페이퍼, 퀵페이퍼(THERMAL PAPER) ***

하이라이트 전용 페이퍼.

호일에 비해 시술이 간단하고 스피디한 작업이 가능하며, 고정상태에서 샴푸하여도 수압에 의해 간단히 벗겨진다. 또한 씻어낸 후 몇번이고 재사용이 가능하여 편리하다. 시술 컬러를 볼수 있도록 한쪽면이 투명한 페이퍼도 있다.

*** 알칼리 컬러제(산화 염색제), 헤어다이 ***

과산화수소수와 섞어서 사용하는 2제식의 헤어컬러.

알칼리성의 1제로 큐티클을 열어 컬러를 넣고 2제의 과산화수소수로 멜라닌 색소를 분해하여 탈색시키는 구조. 백모염색이나 멋내기 염색에 효과적이며 풍부한 색조와 함께 타 염색제에 비해 컬러가 오래 지속된다. 단, 헤어 손상이 크다.

* 애시계 *

ash는 '재'라는 뜻으로 블루에 가까운 그레이 혹은 같은 계통의 컬러로 레드기가 전혀 없기 때문에 버진 헤어나 레드계 기염부에 애시계로 컬러링할때는 탈색한 후 컬러링하지 않으면 색이 나오지 않는다.

* 애프터 블리치 *

보통은 블리치후에 산성컬러나 헤어메뉴큐어를 넣어주나 반대로 산성컬러나 헤어케뉴큐어를 먼저 넣고 나중에 블리치를 해주는 것. 무게감있는 컬러의 연출이 가능하며 블리치를 먼저 넣는 시술보다 헤어손상이 덜하다.

1. 버진헤어에 레드계의 산성컬러를 도포한다.
2. 위빙으로 애프터 블리치 .
3. 블리치한 부분만 산성컬러의 색이 확연히 드러난다.

* 어두운 색(dark color) *

어두운 색을 말한다.

염색에서 갈색머리가 유행했던 것처럼 염색이라고 하면 밝게 만들어 준다는 생각이 주로 들지만 밝고 화려한 색에 싫증을 느낀 사람은 정반대의 어두운 색상을 신선하게 느끼기 때문에 블루블랙 등의 어두운 컬러를 선호하기도 한다. 약간 무거우면서도 시원하고 샤프한 이미지로 스트레이트 보브 헤어에 잘어울린다.

* 언더 컬러, 언더 톤(under color, under tone) *

한국인의 머리는 흑모이지만 같은 흑모라도 사람에 따라 레드계열의 흑모와 엘로우계열의 흑모가 있다. 이렇게 바탕이 되는 헤어컬러를 언더 컬러라고 하는데, 언더컬러는 컬러링 전의 모발진단에서 매우 중요한 요소가 된다.

언더톤을 확실히 파악해 놓지 않으면 당초 의도한 컬러가 깨끗이 나오기 힘들다. 언뜻 보기에는 컬러링하지 않은듯 보여도 홈컬러로 헤어메뉴큐어 등을 하고 있는 경우도 많으므로 주위 깊게 살펴보아야 한다.

* 얼룩 *

같은색의 염색제를 도포하더라도 도포순서,두피의 온도차,부위에 따라 색감이 다르게 나올수 있다. 이것을 얼룩이라고 부른다.

프론트와 네이프, 귀밑머리는 온도가 낮고 염색이 어렵다.

GP부분은 온도가 높고 염색이 잘된다. 머리가마 부분은 모발이 가늘어 염색이 잘된다.

* 엑시드 컬러(acid color) *

산성 컬러를 말함.

* 염색 모발 샘플, 위빙 메쉬 견본 *

컬러챠트와 같은 컬러 샘플모로서 손님머리에 직접 대보면서 컬러의 조화를 확인할 수 있다.

또, 위빙과 하이라이트 샘플로서도 사용한다.

* 염색의 지속력 *

상품이나 컬러에 따라 다소의 차이는 있으나 일반적으로 알칼리컬러, 중성컬러(산성산화염색제) 등은 지속력이 좋다.

손상모는 건강모에 비해 탈색이 빠르다.

* 영구 염색제 *

산성산화염색제,중성산화염색제,알칼리산화염색제 등이 있으며 2제(과산화수소수)와 혼합하여 도포해주면 큐티클이 열리면서 염색제가 모발 안으로 침투한다.
1.5~3개월 정도 컬러가 유지되나 그만큼 헤어 손상도 크다.

* 위빙, 스킵핑 *

위빙이란 영어로 'weave 짜다, 엮다'의 의미이다. 스킵핑은 '빼어잡다'라는 의미로 모두 같은 테크닉이다.
유럽에서 먼저 제안된 테크닉으로 베이스부분과 명도를 달리하여 음영효과를 내는 것이다. 슬라이스한 패널의 머리다발을 빗끝을 이용하여 일정 간격으로 엮어내듯이 빼준 후, 그 부분에만 컬러링하는 시술법. 슬라이스 폭, 위빙 간격, 위빙하는 머리 다발의 두께 등에 변화를 주어 다양한 바리에이션의 연출이 가능하다.
내츄럴하면서도 입체감이 살아있고 본인의 헤어 컬러도 그대로 연출되기 때문에 신생부가 자라나도 기염부와의 차이가 눈에 띠지 않는다. 또한 부분 염색이므로 헤어 손상도 적다. 주로 하이라이트를 넣어줄때 이용된다.

* 유화 *

끈적임이 있는 크림상태로 변화하는것. 컬러링제를 씻어줄때는 샴푸볼에 따뜻한 물을 담아 두피를 맛사지 하듯 지압하여 우선 카라링제를 불려준다.
두피에 묻어있는 컬러링제는 유화에 의해 어느정도 떨어지나 그래도 남아 있을때는 리무버로 닦아준다.

* 이너 컬러(inner color) *

inner란 '내부 안쪽'이란 뜻으로 안쪽 머리에 컬러를 입혀 위쪽을 덮은 머리가 움직일 때마다 안쪽 컬러가 드러나게 하는 것을 말한다.
안쪽 머리의 컬러를 다르게 하면서 디자인의 응용범위가 넓어지고 위를 덮어주는 머리와의 그라데이션으로 패션성을 표현한다. 비비드 컬러계도 inner color라면 비교적 저항감 없이 시술 가능하다.

* 이어 캡(ear cap) *

컬러제는 피부에 닿으면 색깔이 잘 빠지지 않으므로 ear cap을 씌워준다. 시술 처음부터 손님에게 ear cap을 씌워주면 사전에 트러블을 방지할 수 있다.

* 일시 염색제 *

샴푸하면 지워지는 손쉬운 염색제로 미용실에서 시술하는 컬러링제가 아닌 두발용 화장품에 해당한다. 컬러스프레이, 컬러펜슬, 컬러크림, 컬러왁스 등이 있다.

* 자연모 *

컬러를 넣지 않은 본래의 머리.
한국인의 표준 모발색은 3~5톤이다.

* 장갑 *

컬러제가 손에 묻으면 잘 지워지지 않으므로 장갑을 끼고 시술한다.
질기고 오래 사용할 수 있는 고무제품과 1회 사용 후 버리는 얇은 비닐제품, 프라스틱제품 등이 있다.

⋆ 중성컬러 ⋆

머리색깔을 바꾸면서 색감을 플러스하는 약제.

아주 밝은 톤은 잘 나오지 않기 때문에 톤다운을 중심으로 사용한다. 두피에 묻어도 상관없으나 신생부가 자라날때 기염부와의 경계가 뚜렷이 드러나게 된다. 알칼리제보다는 컬러 지속력이 약하다.

⋆ 컬러 리프레싱 ⋆

하이라이트 시술후 그레이징 처리를 해주어도 1개월 정도 지나면 그레이징 부분의 컬러가 빠져버린다.

이때는 그레이징한 부분만 다시 산성컬러를 도포해주면 다시 투명감을 살릴 수 있다.

⋆ 컬러 발란싱 ⋆

신생모 부분에는 알칼리 컬러를 사용하고 기염모에는 산성 컬러를 사용하여 뿌리에서 부터 모발 끝까지를 대칭시키는 테크닉.

⋆ 컬러 콤빙(color combing) ⋆

다른 여러가지 컬러를 입힌 빗으로 빗어 주듯이 하면서 컬러링해 주는 테크닉으로, 서로 다른 컬러의 변화도 입체적인 바리에이션 효과를 얻을 수 있다.

⋆ 컬러 플레임, 컬러플라이밍, 프레휠 ⋆

색소보정의 의미. 색을 균일하게 내기 위해 전처리로 모발의 베이스 컬러를 정리 해주는 것.

너무 밝아진 부분을 어둡게 할때 사용하는 테크닉.

⋆ 컬러리스트 ⋆

높은 레벨의 컬러테크닉과 지식을 갖은 컬러전문 미용사가 많아진다.

구미에서는 컬러링의 수요도 많고, 컷을 하는 스타일리스트와 컬러링을 하는 컬러리스트가 분업화 되어가는 추세이다.

⋆ 컬러링 호일 ⋆

컬러제를 도포한 머리를 싸줄때 사용하며, 페이퍼에 비해 온도상승이 촉진되고 단단히 머리를 싸줄수 있다. 자유롭게 모양을 잡아줄수 있으므로 어느 헤어스타일에도 시술이 가능하다.

또한 형태를 만든 이후에는 밀페 상태가 되므로 공기접촉이 없어 일정한 조건내에서 균일한 염색이 가능하고 각 패널마다 확실히 감싸주므로 흘러 내리거나 얼룩이 생기는 것을 방지할 수 있다.

⋆ 컬러샴푸, 컬러린스 ⋆

시술한 헤어컬러가 시간이 흐를수록 색깔이 빠져 버린다면 어떨까?

특히 헤어메뉴큐어나 산성컬러는 색깔이 빨리 빠져 버린다. 이것을 커버하기 위해서 집에서 샴푸할때 같은 계통의 색소가 함유된 컬러샴푸와 컬러린스를 지속적으로 사용해주면 색소가 부착되면서 컬러가 오래 유지된다. 또한 백모를 눈에 띠지 않게 하거나, 하루만 헤어컬러를 넣고 싶을때 사용하는 컬러샴푸, 컬러린스도 있다.

⋆ 컬러서플리먼트, 컬러메인터넌스 ⋆

컬러전용샴푸나 컨디셔너

＊ 컬러챠트 ＊

손님과의 상담시 시술후 실제 어떤 컬러가 나오는지를 견본으로 보여줄 수 있는 컬러샘플.

컬러링한 인모 또는 나이론모를 번호에 맞춰 나열한 것으로 같은 컬러도 메이커에 의해 미묘한 차이가 있다. 미용사가 사용하고 있는 메이커의 컬러챠트를 준비하여 시술전에 손님에게 확인시킨다.

＊ 컬러 체인지, 컬러 온 컬러(color change, color on color) ＊

기염모에 새로운 컬러를 입히거나 현재의 컬러와는 전혀 다른 컬러로 수정하는것. 2번째 헤어컬러후에는 리터치 하지 않는한 대부분의 사람이 새로운 컬러로의 염색을 원한다. 버진헤어에서의 염색과는 달리 먼저 시술한 컬러가 남아있어 지금의 컬러시술에 영향을 끼치므로 이것을 고려하여 신중히 컬러시술을 해야한다.

＊ 컬러테스트, 컬러체크, 스트랜드 테스트 ＊

컬러제를 도포하고 방치시간 경과 후 세정할때까지 중간에 부분적으로 머리다발을 빼내 컬러젤로 잘닦아준 후 컬러링 상태를 체크하는것. 체크할 머리다발의 컬러제를 타올이나 티슈로 완전히 닦아낸 후 테스트한다. 컬러제가 머리에 묻어있으면 약제의 영향으로 확실한 컬러파악이 어렵다. 의도한 데로의 컬러가 나왔는지는 옆의 검은 머리와 비교해보면 쉽게 알 수 있다. 동일한 시술시간이라도 모질에 따라 컬러가 모두 다르게 나오므로 반드시 테스트하여 꼼꼼히 체크한다.

1.티슈로 약액을 닦아낸다.

2.컬러링 상태 체크(전체 염색일때는 불가능).

＊ 콤보 온 콤보 컬러(comb on comb color) ＊

빗살이 성긴 빗에 컬러제를 묻혀 모발표면을 빗어 주듯이 도포하는 테크닉으로 의도한 부분에 간단히 하이라이트가 들아간다.

표면에 가볍게 흐름을 만들고 싶을 때 효과적이며 테크닉상으로는 〈트레이싱〉과 비슷하다.

＊ 쿨링 ＊

가온 후의 냉각이나 가온 도중에 온도 조절을 해야 할때 쓰인다. 헤어컬러는 온도에 의해 그 효과가 크게 달라지기 때문에 온도 조절에는 세심한 배려가 필요하다.

＊ 크레이지 컬러 ＊

영국 레인보우사 제품으로 선명한 색상의 헤어메뉴큐어.

총 44컬러의 풍부한 베리에이션으로 국내 메이커에서는 볼수 없었던 유니크한 컬러가 폭발적인 인기를 불러모았다. 핑크, 블루, 그린 등의 선명한 색상을 따로 크레이지 컬러라고도 한다.

＊ 탈염제(리무버) ＊

모발에서 천연색소 혹은 인공색소를 빼주는 약제.

＊ 톤 (tone up, tone down) ＊

톤이란 밝기(명도)와 선명함(채도)를 합친 색의 조율을 말한다.

컬러챠트에서는 1~10까지의 숫자로 표시되는 경우가 많고 한국인의 머리는 3~5까지의 톤이 표준이 된다. 톤은 낮을수록 어둡고 (색소의 양은 많다), 높을수록 밝다(색소의 양이적다) .

톤업이란 색채와 농도를 높히는 것으로 어두운 색조가 밝은 색조로, 탁한 색조가 맑은 색조로 변화 하는것을 말한다.

톤다운이란 반대로 색채와 농도를 낮추는것으로 밝은 색조가 어두운 색조로, 맑은 색조가 탁산 색조로 변화하는것을 말한다. 버진헤어의 경우, 자신의 머리색깔을 기준으로 다시 컬러링하는 경우는 현재의 톤을 기준으로 하여 기준보다 밝게 할 것인가 어둡게 할 것인가를 선택한다.

⋆ 퇴색 ⋆

색이 빠져버리는 것. 블리치는 시술시 모발의 큐티클층을 많이 열기 때문에 그만큼 색깔이 빠지기도 쉽고 퇴색하기도 쉽다.

기타 햇볕에 의한 경우와 펌과 같은 화학처리에 의한 퇴색이 있다. 퇴색을 막기위해서는 퇴색을 막는데에 효과적인 성분이나 퇴색방지 샴푸로 사용하는 것이 좋다. 또한 미용실에서의 시술 후 미처 닦아내지 못하고 머리에 잔류해 있는 약제를 깨끗이 씻어내고 모발을 약산성으로 돌려 큐티클층을 다시 조여주면 비교적 색을 오래 유지시킬 수 있다.

⋆ 투 터치(two touch) ⋆

도포순서와 온도차에 의한 얼룩을 방지하기 위해 우선 염색속도가 느린 부위(네이프, 프론트 등의 정중선 부근)부터 컬러를 도포하고 그 다음에 염색속도가 빠른 부분(GP부금, 관자놀이)을 도포하는 방법.

⋆ 트레이싱(tracing) ⋆

trace는 '자국을 더듬다.~을 찾아내다'의 의미. 크게보면 〈스포이드컬러〉, 〈브러쉬 온〉도 모두 트레이싱에 속함. 일반적으로는 굵은 빗에 염색제를 묻힌 부분과 묻히지 않은 부분을 만들어 위에서 부터 머리를 빗어주면서 도포하는것.

그림을 그리는듯한 기술로 디자인성은 뛰어나나 컬러의 발색이 어려워 높은 톤이 아니면 효과를 내기 어렵다. 경계를 감출때, 자유분방한 모발라인, 흐름, 방향성을 연출할때 쓰는 테크닉이다.

⋆ 틴트, 템포러리, 틴트헤어 ⋆

'색을 엷게 바르다.표면적으로 물들이다'라는 의미. 헤어다이와 마찬가지로 모발을 염색하는 것을 말한다.

헤어다이가 모발 내부까지 침투하여 착색하는 것에 비해 틴트는 일시 염모제로 구분된다.

⋆ 팁 (tip) ⋆

위빙할때 comb tail(빗 끝)로 떠낸 가는 머릿다발을 가르키며 여기에 컬러제를 도포한다.

⋆ 팁핑(tipping) ⋆

tip이란 끝부분을 의미하며, 주로 숏헤어에서 사용되는 기술로 모발 끝부분만을 밝게 하는 시술을 말한다.

⋆ 패널, 슬라이스 ⋆

얇은 판상으로 머리다발을 나누는 것을 말한다.

컬러링제를 도포할때 패널이 너무 두꺼우면 얼룩의 원인이 되므로 얇게 잡아주는 것이 좋다.

⋆ 패치테스트 ⋆

2제식의 염색제는 부작용(반점가려움)을 일으킬 수 있으므로 고객의 알레르기 과민성 여부를 확인하기 위해 염색 48시간 전에 피부에 테스트하여 본다. 팔안쪽의 부드러운곳에 사용할 컬러제를 동전크기로 도포하고 48시간 후에 반응을 살핀다. 반접, 부어오름, 가려움, 수포 등의 반응이 있다면 그 고객은 그 컬러제에 알레르기가 있는것이므로 사용하면 안된다. 또한 두피에 상처가 있거나 고객의 컨디션이 좋지 않을때는 시술을 피하는 것이좋다. 먼저번 컬러링때 문제가 없었더라도 다시 알레르기 반응을 보일수 있으므로 매번 패치 테스트를 해야한다.

⋆ 페이스라인 컬러 ⋆

페이스라인에 컬러링하는 테크닉. 머리를 쓸어 올렸을때 컬러 부분이 보이는 액센트 테크닉.

⋆ 포러스 상태 ⋆

모발에 도포한 컬러제가 침투하여 효과를 발휘하면 큐티클이 열리면서 스폰지와 같은 상태가 되는데 이때를 가르키는 말이다

블리치제의 경우는 방치 시간이 20분이 넘으면 포러스 상태가 된다.

⋆ 포인트 컬러, 액센트 컬러 ⋆

포인트를 줄 수 있는 컬러.

전체가 어두울때는 밝은 컬러가 포인트가 되고 전체가 밝은때는 어두운 컬러가 포인트가 될 수 있다. 예를들면 검은 머리에 갈색 메쉬로 포인트를 준다.

⋆ 프로세스 타임 ⋆

방치시간에는 가온방치와 상온방치가 있다. 컬러링은 두피의 온도차에 의해 색감이 들어가는 상태가 다르므로 모발전체에 균일하게 열을 전달해 주어야 한다(온도가 올라갈수록 컬러링의 효과는 높아진다). 컬러제 도포 후 일정시간을 방치해 두는데 이미 도포한 직후부터 화학변환는 시작된다. 따라서 염색이 빠른 부분과 느린 부분을 사전에 고려하여 시술하지 않으면 완성후 얼룩이 생긴다. 테스트시에 컬러링 상태가 좋지 않으면 새로 컬러링제를 도포해 준다.

⋆ 프로스팅 ⋆

서리가 내린 것 같은 효과를 주는 테크닉.

모발 끝만을 밝거나 어둡게 처리하고 나머지 부분과는 자연스럽게 이어지게 하는 것으로 주로 숏헤어에 응용된다.

⋆ 프리 피그먼테이션, 예비염색 ⋆

밝은색으로 염색해줄 때 그 색을 잘 나오게 하기 위해 1차염색으로 의도한 컬러에 가까운 색으로, 2차염색으로 의도한 컬러를 완전히 연출해내는 테크닉이다.

부분적으로 백모가 밀집해 있거나 혹은 부분적으로 밝은 헤어에 응용하는 것으로 완성 후 균일한 색감을 위해 시술전에 백모 밀집부 또는 부분적으로 밝은 부위에 색소를 넣어준 후 다시 희망컬러를 도포한다.

⋆ 프리 하이라이팅 ⋆

바레이아쥬는 불어로 '빗으로 쓸어주다' 라는 의미. 모발 표면을 브러쉬로 쓸어 주듯이 도포하는것에서 유래한 이름.

머리다발을 빗과 브러쉬로 잡아 염색제를 도포하며 자연스럽게 퇴색한듯 보이기 위해서 뿌리쪽에서 머리끝으로 갈수록 밝게 시술하는 테크닉.

뿌리쪽은 표면만 가볍게 발라주고 모발끝은 세심하게 도포해준다. 패널을 잡고 직접 염색제를 발라 나가는 것이므로 숙련된 시술이 필요없으며 시술 시간도 비교적 짧다.

브러쉬 대신 빗에 염색제를 묻혀 도포하는 콤바레이아쥬등 도포 방법에 의해 다양한 연출이 가능하다.

⋆ 픽업(pick up) ⋆

하이라이트용의 고무캡에서 적당량의 모발을 잡아빼서 그 부분만 컬러를 넣어주는 테크닉.

⋆ 하이라이트 캡 ⋆

수 없이 많은 작은 구멍이 나있는 고무캡으로 주로 숏헤어의 컬러링(하이라이트)에 사용한다.
머리에 딱맞게 씌운 후 스킬같은 도구로 머리를 가닥가닥 끌어내어 그 부분만 컬러링제를 도포한다.
캡을 이용하면 헤어 전체에 골고루 하이라이트를 넣어 줄 수 있다.
망사형태의 캡도 있다.
망사캡
고무캡

⋆ 하이라이트, 하이라이팅, 후랫쉬 ⋆

하이라이트는 '눈에 띄다' '밝은 부분, 광채'를 의미하는 영어이다. 컬러링에서는 부분적으로 선택한 모발을 밝게 만드는 것을 의미한다. 색의 명암을 확실히 살려서 단색 염색만으로는 부족하기 쉬운 머리의 움직임, 입체감, 부드러움을 연출하게 한다.
하이라이트는 탑에 부분적으로 넣어주는 경우가 많으나 후랫쉬는 전체적으로 넣어 롱헤어에 자주 응용된다.

⋆ 하이블리치, 화이트블리치 ⋆

산성컬러,헤어 메뉴큐어로 선명한 색을 살리고 싶을때 혹은 흑모에서는 연출하기 어려운 차가운색(청색, 보라, 녹색)을 확실히 내고 싶을때에는 우선 블리치하여 멜라닌 색소를 빼서 명도를 높여야 한다.
하지만 통상적인 블리치로는 갈색이나 붉은 기운이 남아 그 다음에 시술할 컬러가 깨끗이 먹히지 않기 때문에 처음부터 블리치로 백색에 가깝게 탈색을 해주어야 한다. 2제의 농도를 높히면 탈색이 쉬우나 국내에서는 6%라는 한정이 있으므로 블리치 과정을 2~4번 반복 해주면 된다. 횟수를 거듭할수록 깨끗이 탈색되지만 그 만큼 헤어 손상도 커진다.
이렇게 백색에 가깝게 블리치한 상태를 하이 블리치,혹은 화이트 블리치라고 한다. 백색 컬러제는 없으므로 백색으로 염색하고 싶을때는 이 하이 블리치를 반복해 주면 된다. 그렇게해도 갈색 기운이 가시지 않을 때는 옅은 블루의 산성컬러를 엷은 혹은 투명 코팅제에 섞어 도포한다. 또는 블루계의 컬러샴푸로 씻어주면 보색관계로 갈색기운이 빠진다.

⋆ 한색(cool color) ⋆

차가운 느낌으로 수축되어 보이는 색을 말한다.
청, 연청, 청록계통으로 무채색도 한색에 속한다.

⋆ 헤나 ⋆

이집트 원산의 'lawsoshia(로솔시아)'라는 식물의 잎에서 추출한 컬러제로 분말상태의 것을 물이나 기타 다른 약품에 섞어서 도포한다. 허브의 일종으로 인도에서는 '마헨디'라고 부른다.
탈색작용은 없고 모발내부에 침투하여 색소를 첨가시킨다.
백모에만 스며 들어가므로 흑모에는 효과가 없다.
두피에 닿아도 해가 없으며 트리트먼트효과도 있다.
네츄럴 헤나, 블랙 헤나가 있으며 네츄럴 헤나는 붉은 기운을 띤 오렌지 레드 헤나와 붉은 기운이 없는 브라운 헤나가 있다. 블랙 헤나는 철분성분을 많이 함유하고 있어 발색작용은 없으나, 트리트먼트 작용은 뛰어나다. 네츄럴 헤나와 블랙 헤나의 배합으로 오렌지부터 브라운까지의 톤 조절이 가능하나 완전한 컬러 배합은 무리이다.

⋆ 헤어메뉴큐어, 산성컬러 ⋆

원색계의 밝은 색감을 띠는 컬러제.

모발표면에 색소가 흡착되어 발색하는 것으로 컬러톤의 변화는 그다지 없다. 색감을 확실히 표현하고 싶을 때에는 시술전에 베이스 컬러를 밝게 만들어 준다. 두피에 묻으면 잘 지워지지 않으므로 조심스럽게 도포한다. 신생부가 자라나도 기염부와의 경계선이 뚜렷하지 않고, 샴푸할때마다 색깔이 조금씩 빠져나가 자연스럽게 원래의 머리색깔로 돌아간다.

⋆ 헤어컬러 싸이클 ⋆

컬러링하는 주기, 약액에 따라 차이가 있으나 산성 컬러는 1개월 알칼리 컬러는 2개월을 기준으로 한다.

⋆ 홈 컬러 ⋆

약국이나 슈퍼에서 일반인들에게 팔고있는 염색제를 이용하여 집에서 혼자 시술하는 것으로 미용실에서의 컬러링에 비해 간단하면서 짧은 시간내에 시술이 가능하고 가격도 싸다. 반면 완성후의 컬러링 지속도나 깨끗한 컬러링 그리고 위생적인 면에서는 미용실에 뒤진다.

⋆ pH, pH 컨트롤 ⋆

산성, 알칼리성을 표시하는 수치를 말한다. 0~14까지의 수치로 7은 이중성, 6이하면 산성, 8이상이면 알칼리성이라고 한다. 펌시술 직후나 블리치, 알칼리제로 컬러링한 직후는 모발이 알칼리 상태가 된다. 이 상태에서 산성컬러를 넣어주면 의도했던 컬러가 나오지 않으므로 산성린스를 사용해 산성쪽으로 돌려줘야 한다.

참고문헌

1. 로레알 컬러 교육자료
2. 손영미 · 이혜정, “헤어 · 메이크업 디자인 연구”, 한국의류산업학회, 2005
3. 신향선, “패션&뷰티를 위한 color image making”, 도서출판 국제, 2003
4. 아모스 컬러 교육자료
5. 이바최신이미용기술용어사전, 도서출판 이바
6. 이혜정, “현대 트랜드 분석에 따른 헤어 · 메이크업 디자인 연구(헤어와 피부색 조화를 중심으로)”, 조선대학교 석사논문, 2003
7. 토모토모월간지, 신미용출판사
8. 한국색채학회, “컬러리스트(이론편)”, 도서출판 국제, 2002
9. 헤어컬러 입문, 신미용출판사
10. PUBLICATION OSAMU FURUSATO
11. The Hair Coloring, 김미선외, 예림출판사

찾아보기

INDEX

– 집필위원 –

김영미(전남과학대학교)
국지연(전남과학대학교)
김일순(동강대학교)
문재원(동부산대학교)
오현주(호남대학교)
이혜정(명지전문대학교)
정경숙(삼육보건대학교)
진용미(서경대학교)
강명주(명지전문대학교)
김만태(김만태미용학원)
김찬수(여주대학교)
손지연(공주영상대학교)
오형자(전주비전대학교)
장진미(장안대학교)
정원지(광주여자대학교)
최소영(신성대학교)
강미영(대구산업정보대학교)
김미강(안동과학대학교)
김혜정(서라벌대학교)
오정선(송원대학교)
왕혜자(천안연암대학교)
전선정(강릉영동대학교)
조지훈(광주여자대학교)
최영희(경원대학교)

C.C.C 헤어컬러디자인

2007년 3월 20일 초판발행
2011년 9월 10일 개정판발행

지은이 : 국제헤어디자인연구회
펴낸이 : 이상태
펴낸곳 : 청구문화사
디자인 : 이헌숙
주 소 : 120-831 서울특별시 서대문구 연희 1동 436-1
전 화 : 02-332-0541(代) FAX : 02-337-9577
등 록 : 1990년 11월 2일 제9-247호

가격 35,000원

ISBN 978-89-5616-463-2 93590